図解　人類の進化

猿人から原人、旧人、現生人類へ

斎藤成也　編・著
海部陽介
米田　穣
隅山健太

ブルーバックス

本書は2009年12月、小社より刊行した『絵でわかる人類の進化』を改訂し、新書化したものです。

カバー装幀｜芦澤泰偉・児崎雅淑
カバーイラスト｜嶽まいこ
本文イラスト｜安富佐織
本文デザイン｜齋藤ひさの

はじめに

本書は人類進化について多数の図表を用いながら総合的に解説したものです。第一部「進化のしくみ」(第1章〜第4章)と第二部「人類のあゆみ」(第5章〜第12章)から構成されています。第1章では、進化研究の歴史をたどったあと、進化のメカニズムを簡単に説明しています。第2章は生物進化の中心を占めるゲノムDNAと、生物の形を決めている遺伝子についてまとめています。進化研究で重要な化石などの年代の推定について第3章で、また過去の環境変動について第4章で説明しています。第5章から第10章では、生命の起源から駆け足で霊長類の進化まで説明したあと、チンパンジーとの共通祖先から分かれて、猿人、原人、旧人、新人という段階を経て人類の系統が進化してきた様子を論じています。第11章で私たち日本列島人に触れ、最後の第12章では、人類の未来について簡単に推測してみました。これらの内容から、人類進化の重要なポイントを知っていただければ幸いです。

本文は４名の人類学研究者が執筆し、図表はイラストレーターの安富佐織が担当しました。４名の執筆者の分担は以下のとおりです。

斎藤成也：序章、第1章、第5章、第11～12章
海部陽介：第６～10章
米田　穣：第３～４章
隅山健太：第２章

本書の全体の構成は、斎藤を中心に本文執筆者４名が考えたものです。本書の引用文献や本書出版後の新しい展開などについては、斎藤研究室のホームページ(http://www.saitou-naruya-laboratory.org/BlueBacks_JinruiShinka.html) を参照してください。

本書は２００９年に講談社から単行本として刊行された『絵でわかる人類の進化』が、新書版としてブルーバックスから、再刊行となったものです。10年以上経過しましたが、基本的な部分はあまり変化がありませんので、修正は最小のものにとどめております。本書が多くの方の参考になれば幸いです。

最後に、本書を自然人類学者だった故山口敏先生に捧げます。

2021年10月

斎藤　成也

第二部 人類のあゆみ 129

序章

人類の進化を考えるためには、多彩な研究分野の成果を知る必要があります。本書は、進化の根本であるゲノムＤＮＡの変化を研究する分子進化学、化石骨を中心に研究する古人類学、地層の年代や骨の成分を研究する先史学、および形態の進化を遺伝子から調べる発生進化遺伝学のそれぞれの専門家が分担して執筆したものです。

本論に入る前に、最近の人類進化研究の成果について、ゲノム進化、化石、年代推定という3種類の話題をここで簡単に紹介します。これらのトピックスから、人類進化の研究がいかに多様であるかを見てみましょう。

1　霊長類のゲノム研究

最初の話題は、霊長類ゲノム研究の急速な展開についてです。第1章と第2章で説明するように、生物進化の根本はゲノムＤＮＡの変化です。2001年におよそ30億個の塩基対からなるヒトゲノムの概要配列が発表されました。その前後から、進化的にヒトともっとも近縁なチンパン

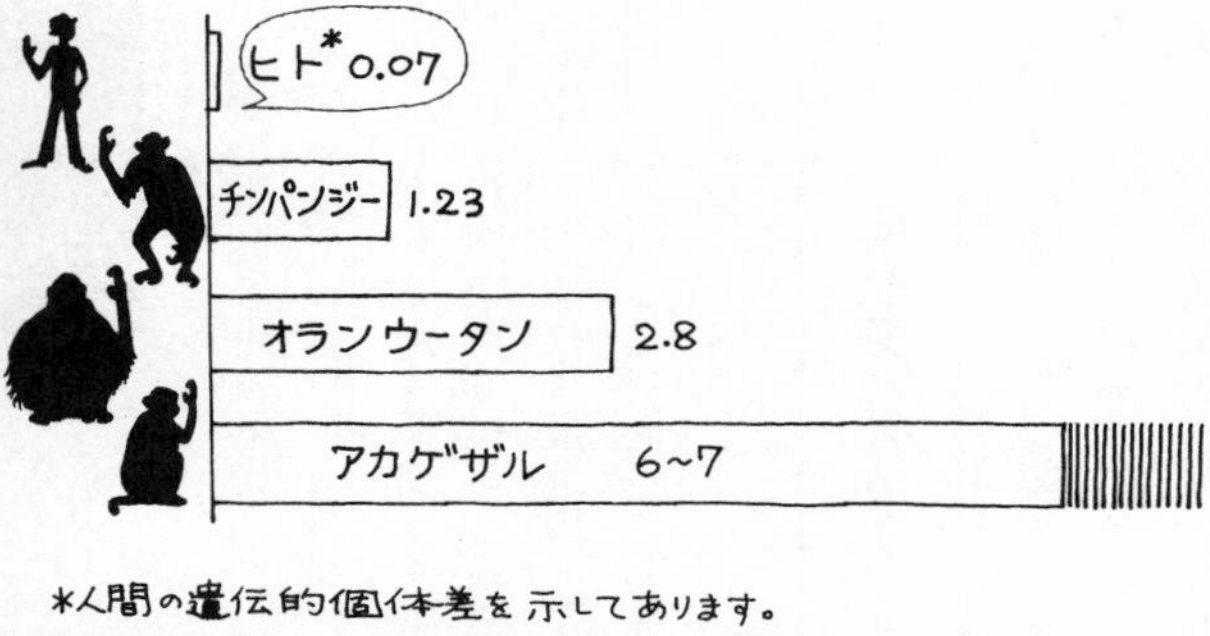

図0-1　ヒトとチンパンジー、オランウータン、アカゲザルとのゲノム全体の違い（%）

ジーのゲノム配列を決定してヒトゲノムと比較しようという研究がはじまりました。２００２年には日本の理化学研究所を中心にして、チンパンジーゲノムの塩基配列を決定するのに使われるＢＡＣ（バクテリア人工染色体）クローンライブラリーが整備され、その結果、ヒトとチンパンジーの塩基配列における違いは１・２３％であることがわかりました。

２００４年には、日本、ドイツ、中国、韓国、台湾の８研究グループが協同して、ヒトの21番染色体に対応するチンパンジーの22番染色体のゲノム配列が決定されました。この年にはヒトゲノムの精密配列も決定されています。翌２００５年には、アメリカの2研究グループが、チンパンジーゲノムの約94％にあたる塩基配列を決定しました。２００７年にはヒトと２５００万年ほど前に分かれた旧世界猿の代表として、アカゲザルのゲノム配列の概要がアメリカの研究グループによって発表されました。さらにその後ゴリラとオランウータンのゲノム配列がほぼ決定されました。図0-1に、ヒトゲノムと大型類人猿（チンパンジーとオランウータン）およびアカゲザルのゲノム全体での違いを示しました。

このようなゲノム全域における違いを調べることによって、ヒトとチンパンジーの共通祖先からヒトの系統が出現した以降の変化、すなわちヒトの系統独自のゲノム変化を明らかにすることができます。それらの中のどれがヒトの特殊性を与えるのかについて、現在活発に研究が進んでいます。

2 東南アジアの超小型原人

最近の人類進化研究の成果についての第二の話題は、第7章の最後でも触れていますが、インドネシアのフローレス島（図0-2）から最近になって発見された、きわめて低身長の人類化石です。大人でも身長1mほどしかなく、また、脳の大きさもアファレンシス猿人（第6章を参照）よりも小さいほどです（図0-3）。

インドネシアといえば、ジャワ島からジャワ原人の化石がいくつも発見されていますが、彼らが生息していた110万年～数万年前の大半は氷期であり、ジャワ島やスマトラ島は大陸と陸続

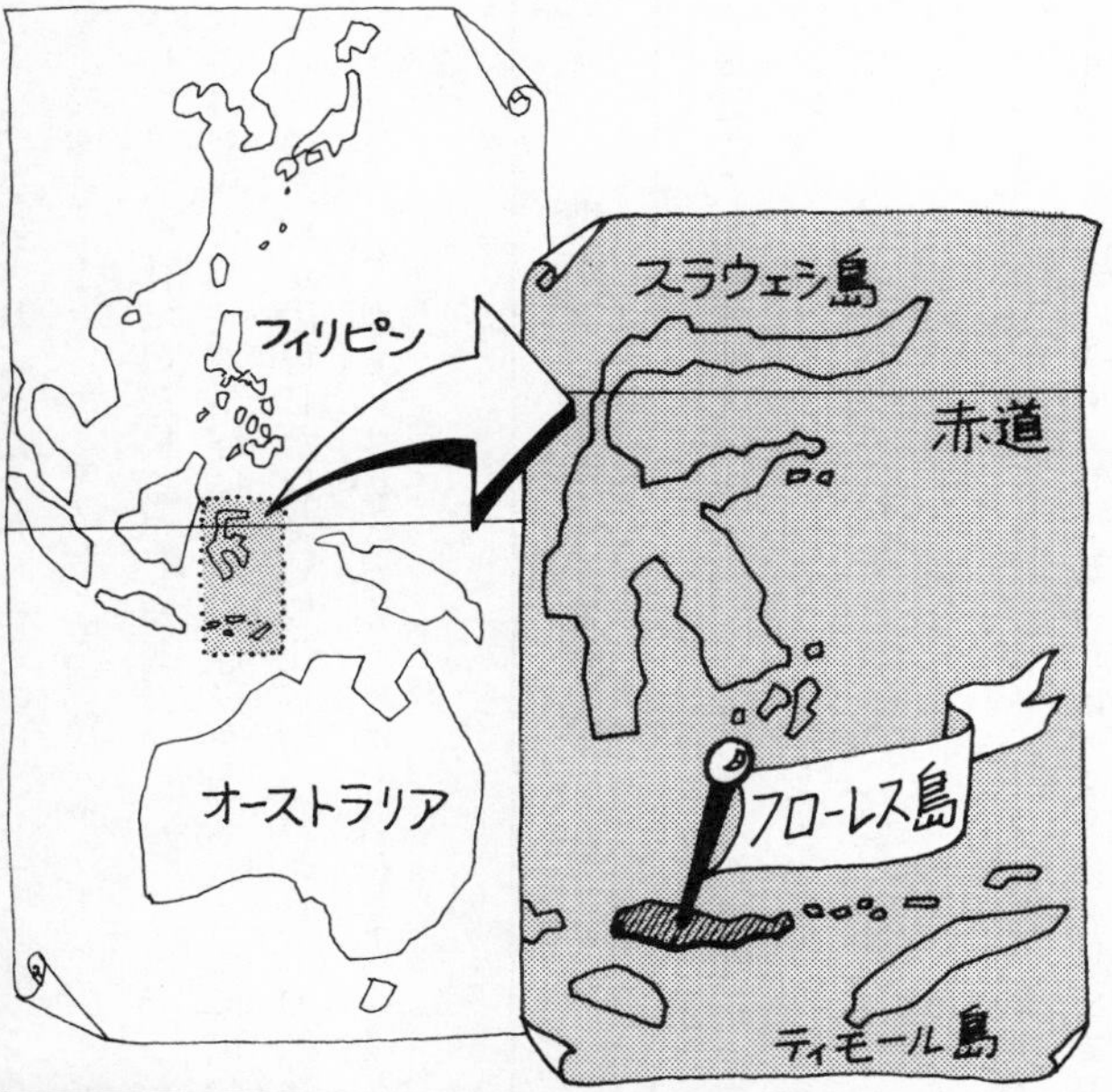

図0-2 フローレス島の位置

きでした。ところが、現在のバリ島とロンボク島の間を通るウォーレス線の海域は深く、当時でも海でした。フローレス島はウォーレス線の東側にあり、大陸とつながったことは一度もありませんでした。したがって、脳が小さい原人の祖先は、なんらかの手段で海を渡ってフローレス島に到達したことになります。さらに驚くのは、彼らが数万年前まで、つまり新人がアジアに広がったころまでフローレス島にすんでいたということです。

小型であることから、トール

図0-3 フローレス原人と現代人の比較

キンの小説『指輪物語』に登場するホビットという愛称でよばれるこの原人については、7・13節で紹介します。

3　500年さかのぼった弥生時代のはじまり

第三の話題は、日本列島人の進化に関する事柄です。第11章で紹介するように、日本列島には数万年前から人間が居住していました。その中で弥生時代は、日本列島のあちこちで稲作農業がはじまってから、1800年ほど前に古墳時代に入るまでの期間です。第3章でも触れていますが、この弥生時代のはじまりの年代について、2003年に新しい説が登場しました。

従来は、今から2400年～2500年ほど前（紀元前500年～400年）に弥生時代がはじまったとされていました。ところが、微量な試料を用いることができるAMS法（加速器質量分析法）によって、初期の弥生式土器に付着した炭に含まれる放射性同位元素炭素14の量を測定した結果、弥生時代のはじまりが今から3000年ほど前と推定されました。従来の定説から500年ほどさかのぼることになります（図0-4）。この新しい年代観は少しずつ賛同する研究者が増えて、現在では定説となっています。3000年前というと、中国では商（殷《いん》）から周に変わった時代にあたり、この王朝交代の影響が日本列島まで及んだ可能性がでてきます。あるいは

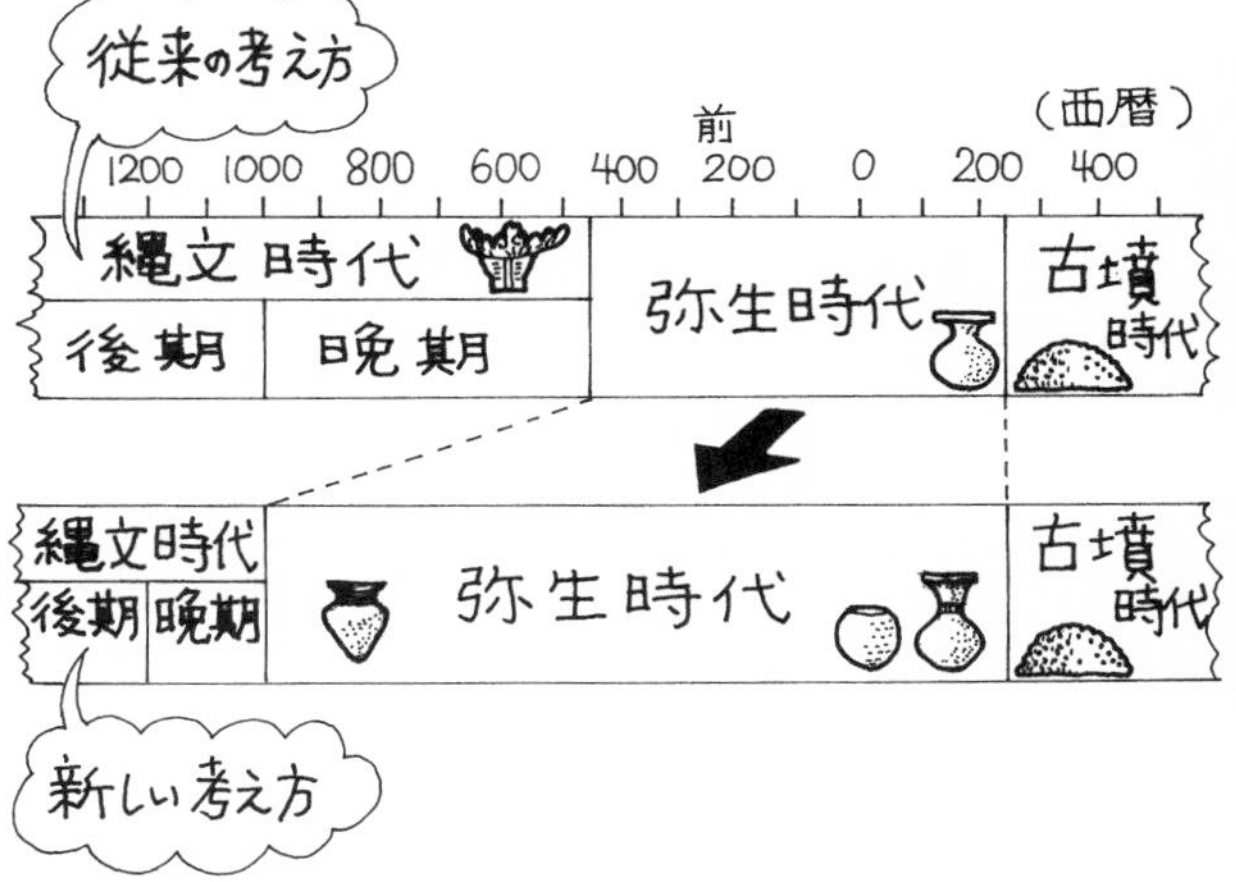

図0-4　弥生時代のはじまりに関する従来の考え方と新しい考え方の比較

地球規模での気候変動による人間の移動がそのころあちこちで生じていたので、それと関係するのかもしれません。

また、弥生時代全体の期間が2倍近くになるので、多数の国に分かれていたとされる倭《わ》が少数の国だけの状態になるまでに、稲作が導入されてからかなり長くかかったことになります。また、邪馬台《やまたい》国《こく》の所在地や大和《やまと》朝廷の起源年代にも影響を与えるでしょう。このような問題点をはらんでいるので、日本の考古学研究にとってはもちろん、日本列島人の起源を考える上でも、重要な変更だといえるでしょう。

第一部

進化のしくみ

第1章 進化とは

1.1 人間観の変遷

地球上にはさまざまな種類の生物が存在します。私たち人間も、自分自身という特別な存在ではありますが、生物の一種です。人間に似た生物であるサルがこの世界に存在することは、大昔から知られていました。図1-1は、古代エジプトで描かれたサルの絵です。日本の古墳時代には、ニホンザルの埴輪《はにわ》がつくられました。

西暦2世紀のローマ帝国時代に、当時までの医学の知識を集大成したガレノスは、人間の解剖が禁じられていたため、人間に似たサルを使って解剖をしたといわれています。日本にはおそらく人間が日本列島に到達する前からニホンザルが生活していたと思われますが、猟師がいろいろな獣を殺すときにも、イノシシやタヌキと違ったいやな気持ちになって、サルを撃つのをやめることもあったそうです。

一方で、同じ人間であっても、顔かたちや皮膚の色の違いによって、まったく異なる生物ではないかと考えられたこともありました。たとえば、１４９２年にコロンブスが新世界に到達してから、新大陸アメリカに住む人々の存在がヨーロッパに知られましたが、彼らが人間であるかどうか、最初は議論がありました。

このように、人間と他の生物とのあいだの連続と断続については、昔からいろいろな考え方がありました。ここで、人間が自分たちをこの世界の中でどのように位置づけてきたのかについて、少し時間をさかのぼって考えてみましょう。

図1-1　古代エジプトの壁画に描かれたヒヒの絵（Morris & Morris、1966より）

古代ギリシアのアリストテレスは動物学の父として知られており、アレキサンダー大王の教師でもありました。彼は「自然の階梯《かいてい》」という概念で、この世界における人間の位置をとらえました（図１-２）。ただし、これらの関係は静的なものであり、時間とともに変化するという進化の観点はありませんでした。

図1-2 アリストテレスによる自然の階梯

キリスト教、イスラム教、ユダヤ教を代表とする一神教では、創造神がこの世界のすべてをつくりあげたことになっており、人間も神からつくられたとされました。旧約聖書の創世記には、人間は神自身に似せてつくったと書かれていますが、これはむしろ人間が神という概念をつくりあげたことを示しています。旧約聖書以外の世界のいろいろな神話にも、人間創成の話があります。

ルネッサンスの到来によって自然科学が誕生したヨーロッパでは、フランスのルネ・デカルトが動物機械論を提唱し、生命と非生命のあいだの垣根を取り払おうとしました。さらに彼から1世紀ほど後には、やはりフランスのラ・メトリが人間機械論を提唱し、精神も肉体に発するという心身一元論を唱えました。

1.2 博物学の時代

コロンブスによるアメリカ到達やマゼランの世界一周（１５１９年～１５２２年）、あるいはキャプテン・クックの太平洋航海（１７６８年～１７８０年）に代表される大航海時代には、世界中の珍しい生物がヨーロッパに運ばれてきました。この流れから博物学と分類学が勃興しました。

リンネ、ビュフォン、ブルーメンバッハの活躍

カール・フォン・リンネは、18世紀に活躍したスウェーデンの生物学者です。もともと植物の分類の専門家であり、当時一般的だった分類法よりも合理的な方法を提唱しました。また、生物種の名を属名と種名（種名は実際には名詞ではなく、形容詞）のセットで表現するという二名法

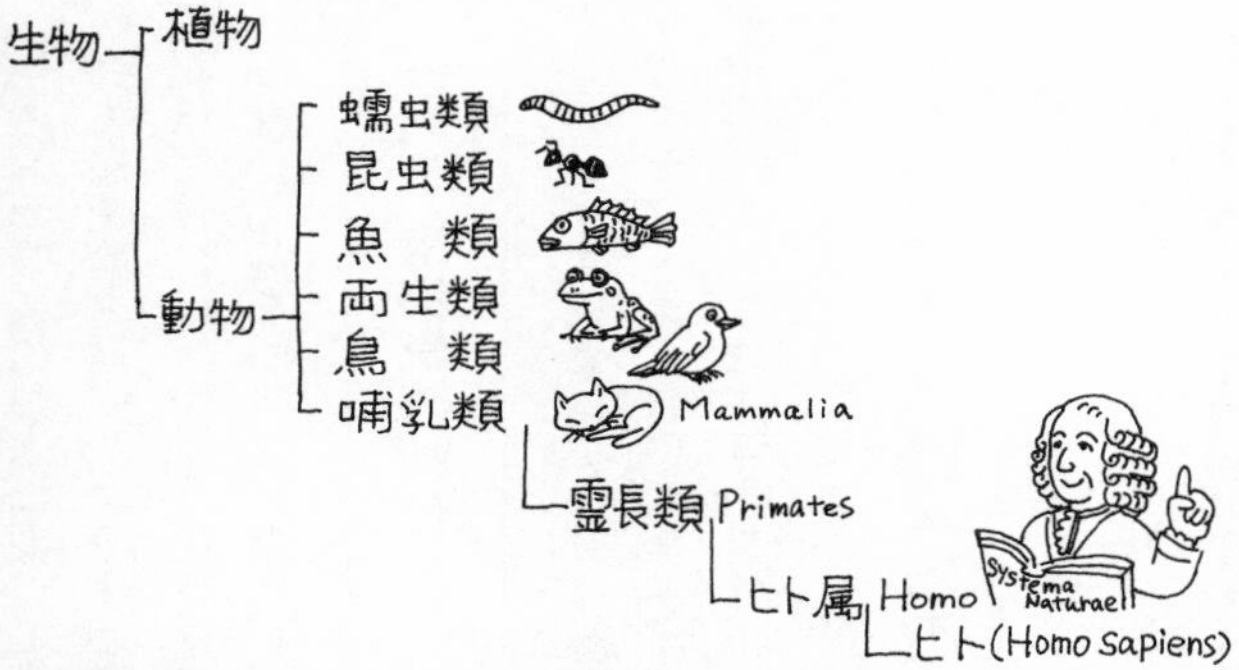

図1-3 リンネの分類

を普及させ、今日でもこの表記法は生物分類で広く使われています。生物学で発表される学術論文は、最近では英語を用いることが一般的ですが、18世紀当時にはラテン語が用いられました。このため学名もラテン語が使われたのですが、固有名詞のために、学名だけは今でもラテン語が生き残っています。

リンネはこの二名法システムを用いて、当時知られていた全生物界を体系づけました。彼の著わした『自然の体系』の中で、人間については、ラテン語の「人間(Homo)」を「賢い」と形容して *Homo sapiens* という学名をつくりました。説明のところには、「汝《なんじ》自身を知れ」と記したそうです。これは、古代ギリシアで神託を授けたデルフォイのアポロン神殿に刻まれていた言葉です。彼はさらに人間をサルの仲間に分類しました（図1-3）。

進化論がラマルクやダーウィンによって提唱されるの

は、リンネの活躍した18世紀の次の19世紀です。彼は、生物が変化するとはほとんど考えていませんでした。それでも、当時知られていたサルと人間の形の類似性は、生物分類において無視できませんでした。人間も含んだサルの仲間全体の名前については困ったようです。いろいろと迷った末に、彼は哺乳類中の「第一番目」という意味をもつPrimatesとしました。日本語では霊長類といいます。リンネはまた『自然の体系』の中で、皮膚色の違いをもとにして、人間をヨーロッパ人（白色）、アメリカ人（赤色）、アジア人（茶色）、アフリカ人（黒色）に分類しました。

リンネと同時代に活躍したフランスのジョルジュ・ビュフォンは、『博物誌』を著わして、進化論を提唱する直前まで到達しました。彼は、リンネが霊長類の中にナマケモノ（現在の分類では、オオアリクイやアルマジロも含まれる貧歯類）を含めたことを誤りだとし、霊長類からはずしました。また、当時手に入った膨大な旅行記録を検討して、北欧のサーミ人、中央アジアのタタール人、中央アフリカのセネガル人、インドのベンガル人など、多種多様な人間のグループを記述しました。また、南北アメリカ大陸のいわゆるインディアンについては、彼らがアジアから来たことは疑うことができないという、現在の定説をすでに提唱しています。また、現在は地球上のあちこちに広がっている人間の多様性が大きくないことを示し、人類が単一の起源から出発したものであると論じました。

ビュフォンに少し遅れて活躍したドイツのヨハン・ブルーメンバッハは、頭骨形態の比較から世界の人間を分類して人種概念の基礎を築き、人類学の父といわれています。人種とは、生物の分類でいうと種の下の亜種よりさらに下位の小さな違いを表わす言い方であり、世界中に分布するさまざまなヒトの集団を、皮膚色、頭毛、顔面形態、体形などの身体特徴で分類したものです。言語などの文化的特徴で分類された「民族」よりも、広いまとまりを指します。人種の名称でよく用いられるものに、モンゴロイドやネグロイド、コーカソイドなどがあります。どれも「オイド」という語尾で終わっていますが、これはラテン語で「〜に似た」という意味をもっています。モンゴロイドはモンゴル人に似た人々、コーカソイドは黒海東方のコーカサス山脈に住むコーカサス人に似た人々という意味ですが、これらはブルーメンバッハが最初に提唱したものにもとづいています。

1.3 進化論の誕生

人間観は、進化論の登場によって一変します。近代的進化論の最初は、フランスのジャン・バティスト・ラマルクが1809年に提唱したものです。しかし、人間の進化についての最初の深い洞察は、現代に続く進化学の基礎を確立したイギリスのチャールズ・ダーウィンが行ないました。彼は生物の進化を論じた『種の起原』を1859年に発表した直後、キリスト教会から、創造神がつくりあげたものであるはずの人間の存在が、サルから進化したものであるという大転換が生じるとして、強い反発をくらいました。ダーウィンは進化論が世間に浸透してから後の１８７１年に『人間の由来』を著わし、人間の進化について堂々と論じました。彼は慎重ながら、ヒトがチンパンジーやゴリラと似通っていることから、人間のアフリカ起源説を唱えました。

ダーウィンと同じイギリスの生物学者トマス・ヘンリー・ハクスリーは、進化論を強く擁護し、「ダーウィンのブルドッグ」とよばれました。彼は１８６３年に『自然における人間の位置』と題した著書を発表し、類人猿と人間との類似性を示しました。彼の授業を聴講した若きH・G・ウェルズが大きな影響を受け、その後『タイム・マシン』というサイエンス・フィクションを書く示唆を与えられたことが知られています。

一方、ドイツのエルンスト・ヘッケルも進化の考え方を広めました。ヘッケルは、生命の系統関係を樹木になぞらえて示しました（図1-4）。このため、系統樹という言い方が現在では一般的となっています。オランダのデュボアはヘッケルの考え方に強い影響を受け、人類の直接の祖先は東南アジアで誕生したと考えて、インドネシアで研究をし、ついにジャワ原人の化石を発見しました。原人の進化については、第7章をご覧ください。

現在の人類進化学は、ダーウィンやハクスレー、ヘッケルの考え方を基礎に発展してきたものだといってよいでしょう。つまり、すでに１５０年以上の歴史があることになります。図1-5

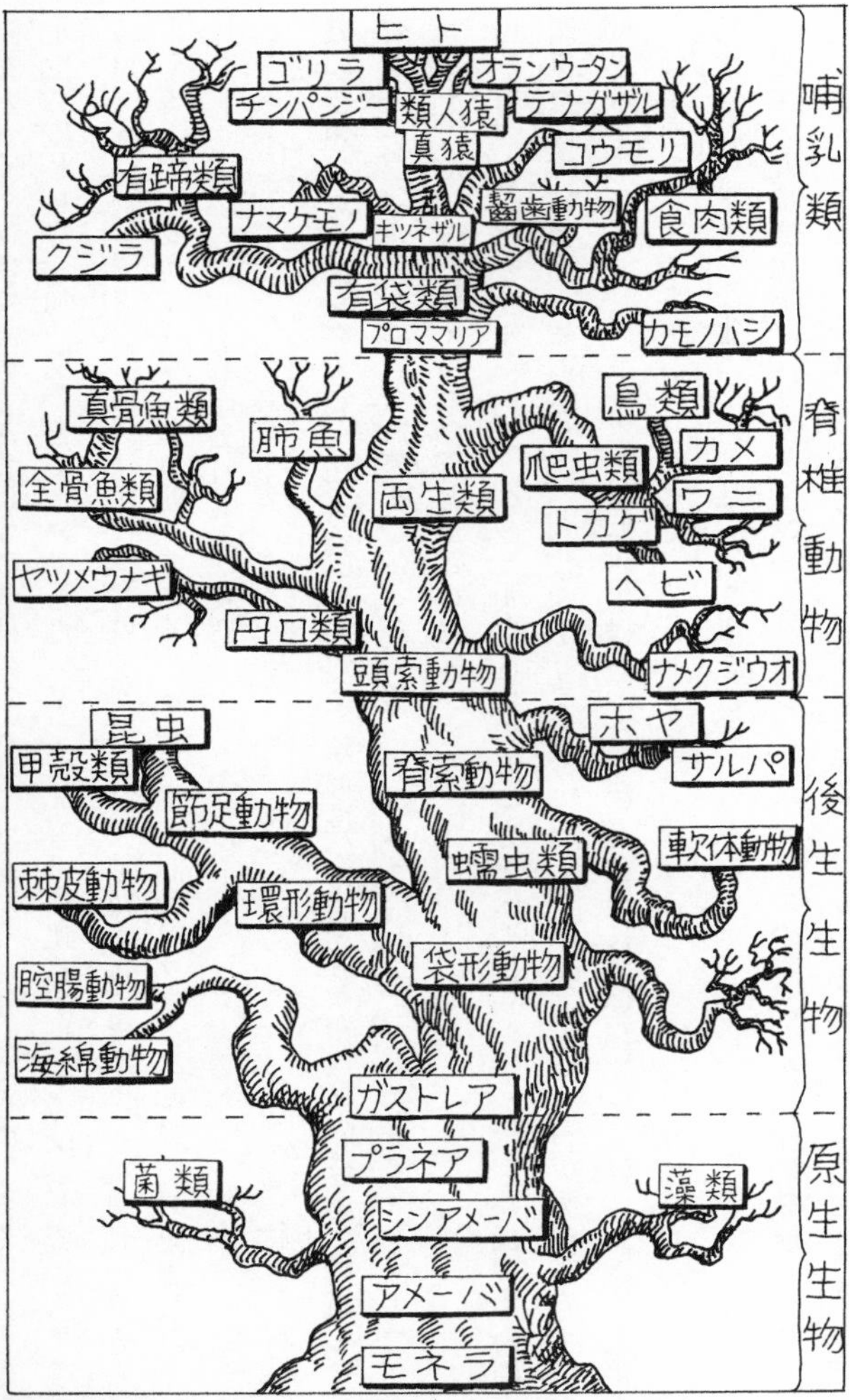

図1-4 ヘッケルの系統樹

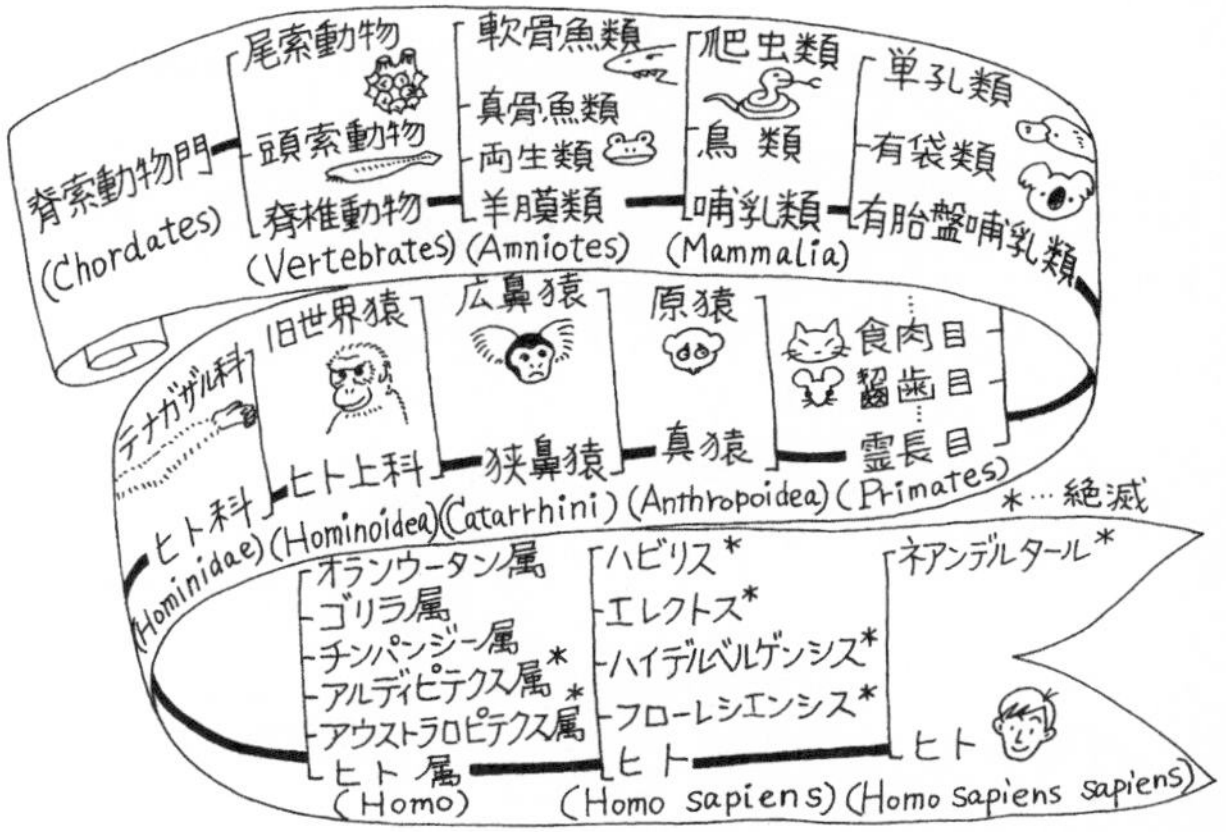

図1-5　人間の自然界における位置

に、人間の自然界における位置についての現在の認識を示しました。

1.4　骨や歯を中心とした形態の進化

ダーウィンが進化論を提唱した19世紀後半よりもずっと前から、骨の形を比較する比較形態学が確立しており、18世紀にはフランスのジョルジュ・キュビエやジョフロア・サンチレールが活躍しました。彼らとその弟子たちによって、骨をもつ脊椎動物の分類体系が構築されていきました。

図1-6には、3種類の化石哺乳類の骨格が示してあります。Aは剣歯虎ともよばれる、氷河時代まで地球上にいた食肉目の化石です。巨

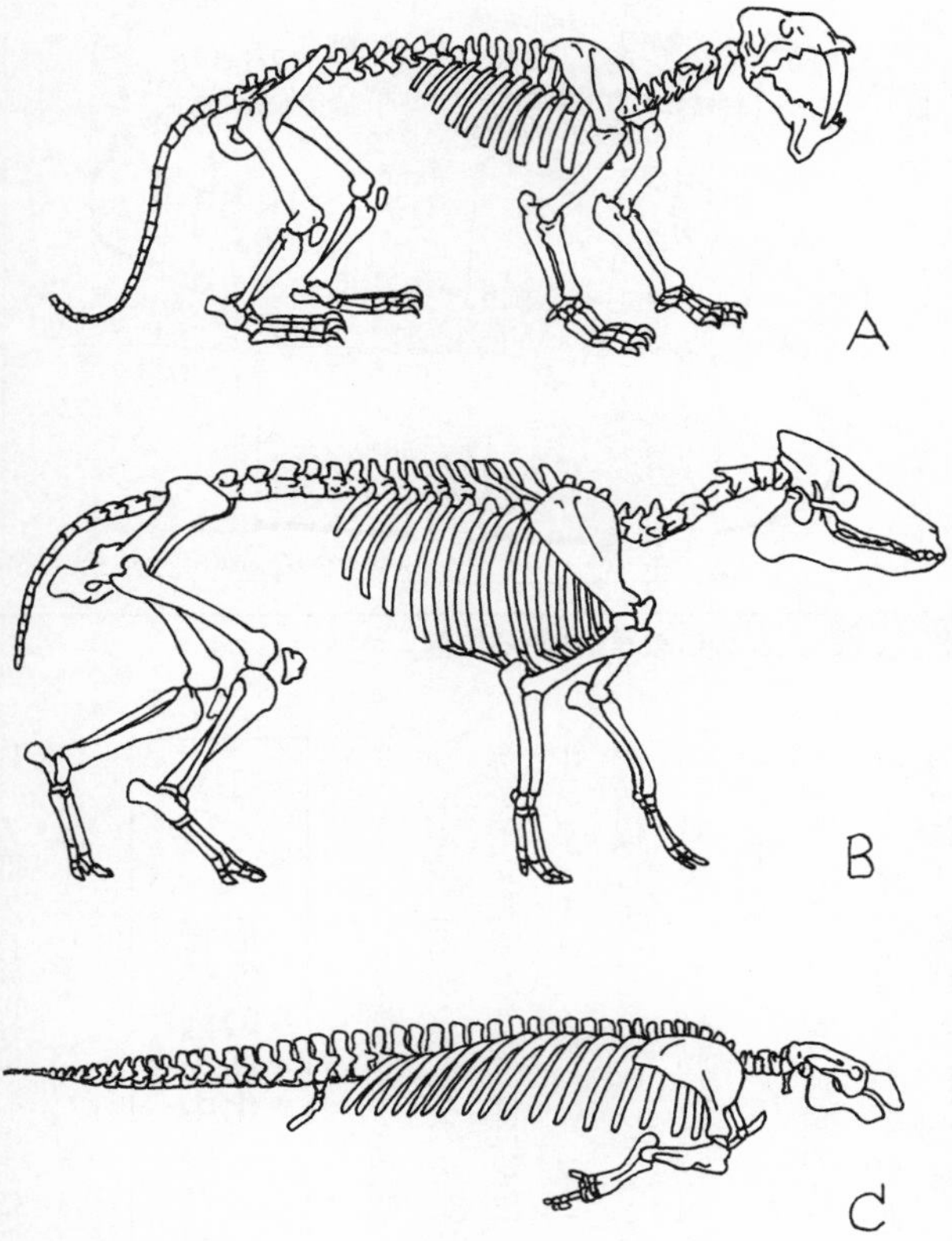

図1-6　哺乳類のいくつかの種の骨の比較

（A）サーベルタイガー（食肉目）、（B）漸新世のアンコドス（偶蹄目）、（C）ジュゴンの祖先、ジュシシレン（アフリカ獣目）

大な犬歯（牙）をもち、また四肢の指はしっかり地面を把握しています。Bは偶蹄《ぐうてい》目の化石のひとつです。食肉目と異なり、指の一部だけが地面と接触しているのがわかります。またこの図でははっきりわかりませんが、歯が食肉目とはまったく異なっています。Cはジュゴンの祖先の化石です。ジュゴンは海牛やマナティーの仲間であり、クジラ・イルカの仲間、アザラシ・アシカの仲間と並んで海に戻った哺乳類です。四肢がかなり退化していますが、哺乳類の仲間であることがわかります。

形態比較の重要性

現代的な進化論が受け入れられてからも、化石と現生生物との比較ができるということもあり、骨の形態の比較は、現代でもなお進化学研究の重要な手段です。第２章で説明するように、生物進化の根本は遺伝子の変化です。そうだとすれば、骨などの形態の進化についても、形態を決定する遺伝子を比較するべきでしょう。残念ながら、21世紀に入った現在でもまだその詳細はわかっていません。手がかりがようやくつかめたという程度です。

しかし、比較形態学は、哺乳類の中の霊長類と食肉類（イヌ、ネコ、クマなどが含まれる）のように、たがいに大きく形が異なっている生物をおおづかみに分類することにきわめて効果的でした。次の節で説明する分子進化の研究によって推定された生物の系統関係は、一部違いがあるもののの、比較形態学によって推定された系統関係とよく似ています。もっとも、異なる系統で似通った形態が生じてくる収斂《しゅうれん》進化があると、それらを誤って同じ系統だとすることがあります。

1.5 分子進化学の誕生と中立進化論

20世紀後半には、遺伝子の物質的本体であるDNAを直接扱う研究が急速に発展しました。それによって生物の進化をタンパク質やDNAなどの分子レベルで研究する分子進化学が1960年代に誕生しました。はじめはDNAの塩基配列を簡単に決定できる方法がまだ発明されていなかったので、いろいろな生物のタンパク質のアミノ酸配列を決定して比較していました。

その結果、自然淘汰《とうた》の考えではうまく説明できない現象が多数発見されるようになりました。同じ種類のタンパク質（たとえばヘモグロビンを構成するグロビン）のアミノ酸の違いをいろいろな生物で比較すると、アミノ酸の変化する量がほぼ時間に比例していました（図1-7）。進化速度が一定であり、時計のように規則正しく時を刻んでいるように見えるので、この現象を分子時計とよびます。このような一定性は、従来の骨や歯の形の進化を扱っていた研究では考えられないものでした。

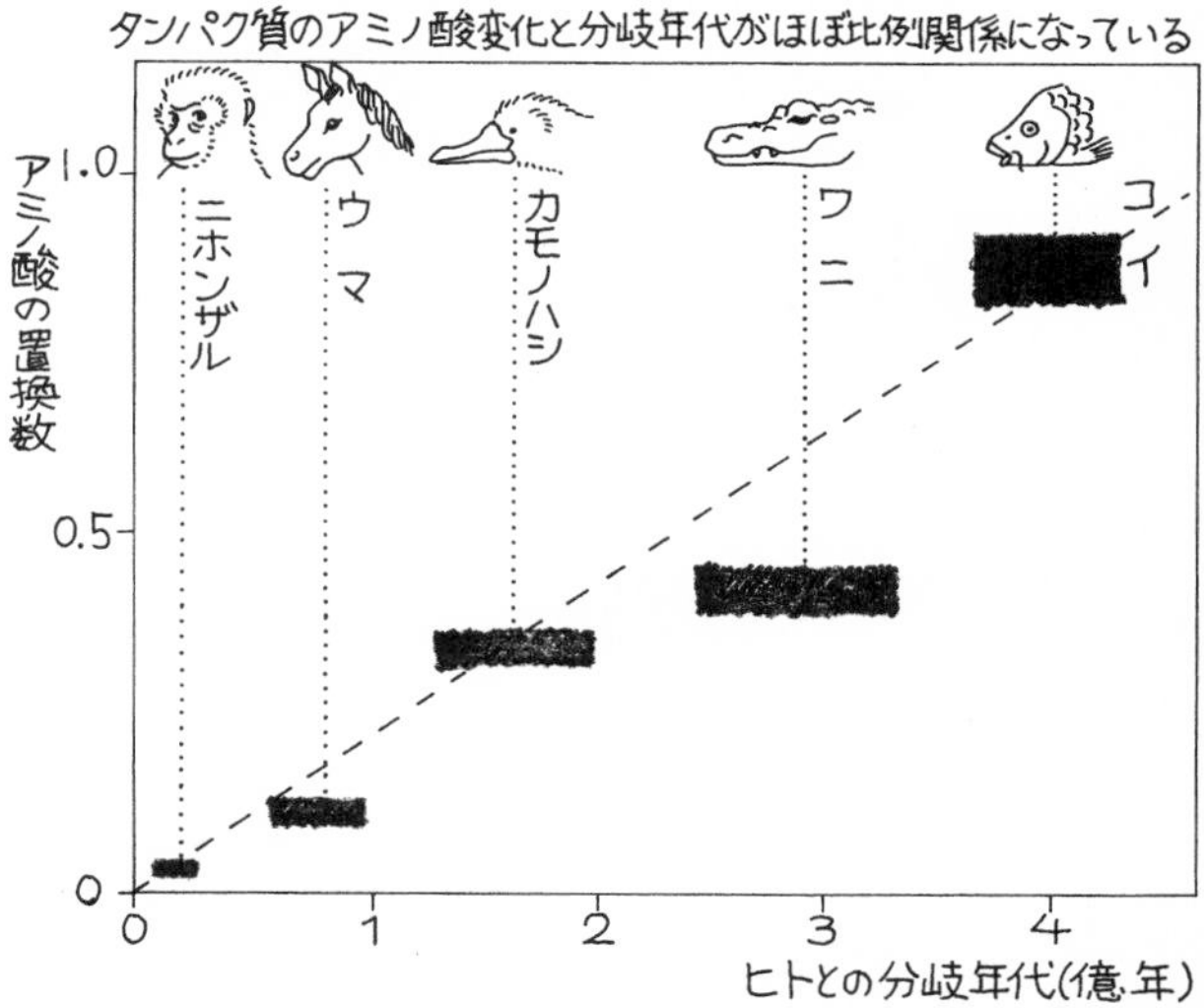

図1-7　分子時計

木村資生の中立進化論

これらの矛盾を解消できる新しい仮説として、日本の木村資生《もとお》が１９６８年に、続いて翌１９６９年にはアメリカのジャック・レスター・キングとトーマス・ジュークスが、それぞれ中立進化論を提唱しました。中立進化論では突然変異を進化の原動力として考えます。突然変異は無秩序に生ずるので、生物にとって有害なものも多数生じますが、これらは短時間のうちに消えてゆくので、長期的な進化には寄与しません。この過程を、負の自然淘汰あるいは純化淘汰とよびます。この部分については中立進化論でも淘汰進化

突然変異
コンテナ
このすべての
突然変異の中で、
進化に寄与するのは
この一箱だけです
宅配
進化
そのなかみは？
サバイバル
生存に有利な
ものはほんの
一部、あとは
中立なものです
いやいや、
すべて生存に
有利な
ものばかり
じゃ！
○進化に寄与
○進化に寄与
中立論
淘汰論

図1-8 淘汰進化論と中立進化論の違い

論でも同じ見解です。

両者の見解が大きく異なるのは、進化に長期的に寄与する突然変異についてです。淘汰進化論では、生存に有利な突然変異をもつ個体だけが進化の過程で生き残ってゆくと考えます。この過程を正の自然淘汰とよびます。しかし突然変異が生じても、生物が生きてゆく上であまり影響がないことがあります。これを淘汰上中立であるといいます。このタイプの中立突然変異は、生物の生存に有利な突然変異よりもずっと頻繁に生じます。このような中立突然変異をもつ個体が子孫を増やせるかどうかは、以下で説明する遺伝的浮動によります。たまたま運よく生き残る中立突然変異遺伝子もあれば、他のものより生存に有利に働く遺伝子であっても、運悪く消えてゆくものもあるのです。その結果、生き残る遺伝子の大部分は中立突然変異になります。これが中立進化論の立場です。中立進化論では、少数ながら生存に有利な突然変異が生き残っていることも認めています。図１-８に淘汰進化論と中立進化論の違いを示しました。

1.6　遺伝的浮動と自然淘汰

遺伝的浮動とは、遺伝子の割合を表わす遺伝子頻度が偶然に変化する現象であり、生物の個体数が有限であることから生じます。

具体的な状況を考えてみることにしましょう。ある地域に男女が50人ずつ、１００人で生活しているとします。この親世代から次世代が生じます。これらの人間がもつある特定の遺伝子座については●と○の2種類の遺伝子があり、同じタイプが2個ある個体はホモ接合体であり、●と○を1個ずつもっている個体はヘテロ接合体です。１００人が2個ずつ遺伝子をもっているので、遺伝子は全部で２００個あります。ここで、親世代では●遺伝子が40個、○遺伝子が１６０

個あったとしましょう。このような遺伝子の割合を遺伝子頻度とよびます。親世代では●遺伝子頻度は0・2（＝40／200）となります。

親世代がつくりだした卵と精子が合体して受精することにより、次世代の人間が生まれてきます。男女が相手をえり好みをすることなく、任意に（ランダムに）交わる相手を決めているとすると、遺伝子の動きだけを考えれば、親世代から子世代への遺伝子の伝達は、任意抽出をしていることになります。これは偶然だけが遺伝子の伝わり方を左右する過程です。

自然淘汰のない状況なので、子世代も親世代と同じ遺伝子頻度になることが期待されますが、実際にそうなる可能性は高くありません。親世代における●遺伝子の遺伝子頻度（0・2）は、次世代に伝えられる配偶子（精子と卵）が●遺伝子をもつ確率と考えることができます。次世代でも親世代と同じ100人（遺伝子は200個）であれば、次世代における●遺伝子の個数は、確率0・2、全体の個数200の二項分布にしたがいます。二項分布というのは、2種類の現象のどちらかが起こる場合に使われる確率分布です。ここでは、●遺伝子と○遺伝子のどちらが子孫に伝わるのかが問題になります。合計で200個の遺伝子がありますが、そのうちの40個が●遺伝子、残りの160個は○遺伝子であるという確率を求めてみましょう。ひとつひとつの●遺伝子が40個次の世代に伝わるのは、いつも同じ確率（●遺伝子の頻度である0・2）になるので、0.2^{40}となります。同じく○遺伝子が160個伝わるのは、○遺伝子の頻度である0・8が確率

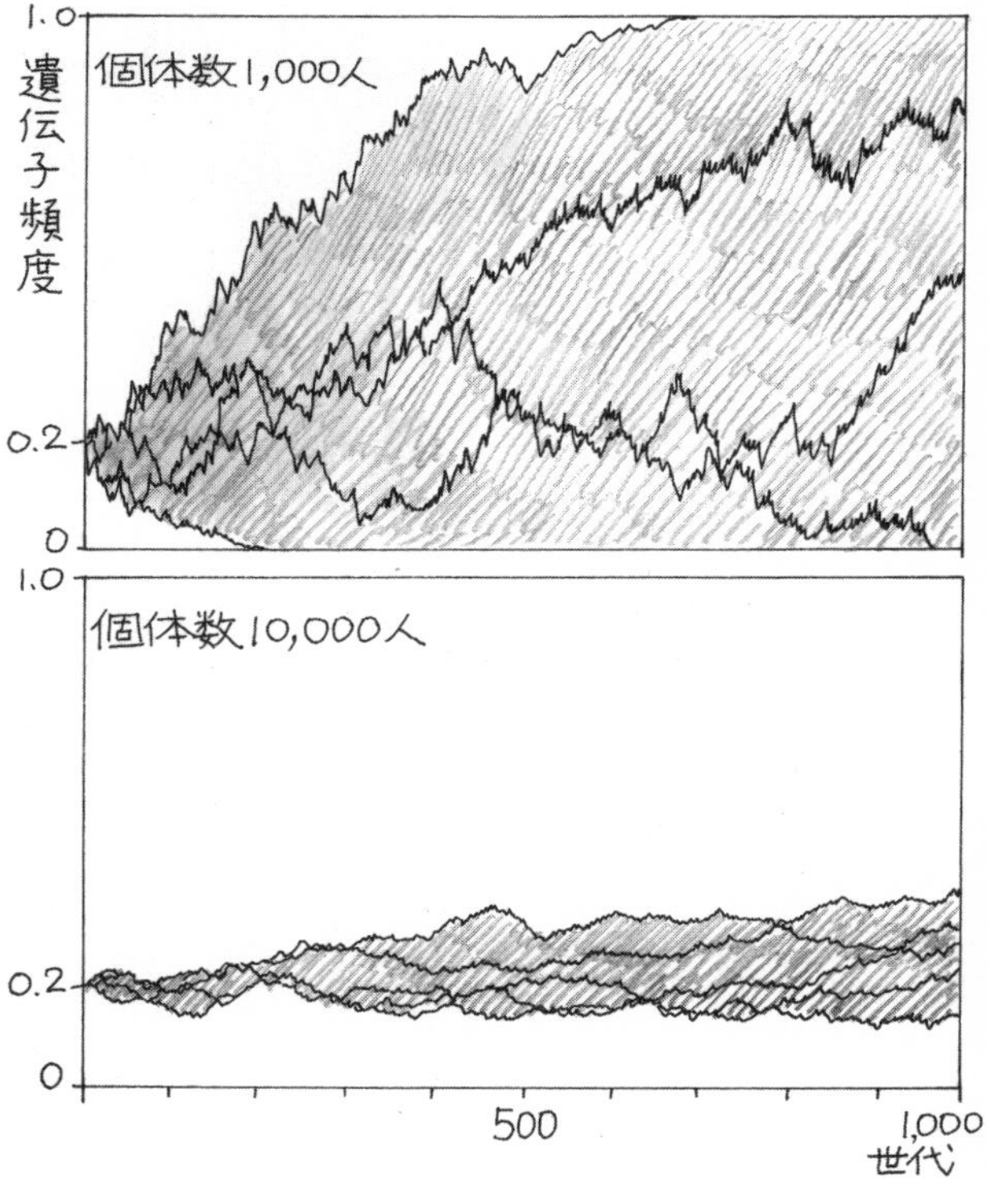

図1-9　遺伝子頻度のシミュレーション（初期頻度0.2、5回の試行、N=1000、10000）

上の図も下の図も、縦軸は遺伝子頻度を、横軸は世代を表わす。上は1000人の集団、下は10000人の集団の場合で、どちらも最初0.2からスタートし、遺伝的浮動による変化をそれぞれ5回の結果について示している。

となり、0.8^{160}です。これだけでは不十分であり、●遺伝子と○遺伝子の組み合わせの可能性である、${}_{200}C_{40}$（200個から40個を選ぶ）をかけて、結局${}_{200}C_{40}\times 0.2^{40}\times 0.8^{160}$＝0・07037という確率が計算されます。残りの大多数（約93％）の場合には、子世代での遺伝子頻度は親世代の0・2から変化するのです。このように、生物の個体数が有限である以上、遺伝的浮動は必ず生じます。

このような遺伝子頻度の変化が毎世代生じます。図1-9に、こうした時間変化をコンピュータシミュレーションで計算した結果を示しました。疑似乱数を用いて偶然を近似しています。

自然淘汰における遺伝子頻度の変化を考える

次に、自然淘汰における遺伝子頻度の変化について考えてみましょう。自然淘汰の本質は、遺伝的に異なる個体によって、子供を残す割合が異なることです。実際には遺伝子だけでなく、同種や多種の生物を含む周囲の環境との複雑な相互作用によって、子供を残す割合が変化する可能性があります。しかしここでは特定の遺伝子座に着目します。なお、自然淘汰という言葉は、「自然選択」とよばれることがありますが、以下で説明するように、ほとんどの突然変異の運命は「ただ消え去るのみ」であり、この意味で進化は基本的に保守的です。淘汰という日本語はこの意味をよく表わしているといえるでしょう。

遺伝子頻度が自然淘汰によって時間的に変化する過程は、以下のように数学的にモデル化できます。すでに集団中に存在している遺伝子は、複数ある場合でもそれらをひとまとめにしてA_0で表わすことにします。一方、突然変異で新たに生じた対立遺伝子をA_1で表わします。また話を単純にするために、遺伝的背景がどの遺伝子型でも同一だと仮定します。すると、自然淘汰の程度を測る尺度である各個体の適応度については、今問題にしている遺伝子座だけを考えればよいことになります。また、世代が離散的か連続的かによってモデルが異なってきますが、結果にはそれほど大きな違いはないので、ここでは数学的に取り扱いの簡単な離散世代モデルを用います。離散世代では、交配（結婚）が現世代だけで行なわれます。

ヒトは二倍体生物なので、父方と母方から遺伝子を受け継ぐ常染色体の遺伝子座の場合には、優性と劣性の問題が生じます。ヘテロ接合体A_0A_1の表現型が、２種類のホモ接合体（A_0A_0とA_1A_1）のどちらと表現型が似ているかによって、優劣が決まります。ここで表現型というのは、たとえばＡＢＯ式血液型のＡ型、Ｂ型、ＡＢ型、Ｏ型を指します。また、日本の研究者によって２００６年に遺伝子が解明された耳あか型の場合、湿型と乾型が表現型であり、湿型の遺伝子が乾型の遺伝子に対して優性です。このような表現型の違いによって子供を残す割合に違いが生じた場合、自然淘汰が起こります。

表現型は個体にかかわることなので、２種類の遺伝子の組み合わせから生みだされる３種類の遺伝子型（A_0A_0、A_0A_1、A_1A_1）に分けて考える必要があります。ただし、自然淘汰の結果とし

表 1-1　自然淘汰の基礎的なモデル

遺伝子型	遺伝子型頻度	適応度の一般式
A_0A_0	P_0^2	1
A_0A_1	$2P_0P_1$	1+hs
A_1A_1	P_1^2	1+s

h：ヘテロ接合体の適応度がどちらのホモ接合体の適応度に近いかを示す係数
s：淘汰係数

ては、遺伝子頻度の変化ととらえるほうが簡単なので、通常は遺伝子（A_0またはA_1）の頻度（P_0またはP_1）の変化を検討します。遺伝子型頻度は、表1-1で示したように、遺伝子頻度の二項展開から推定することができます。

ある遺伝子型をもつ個体が産む子供の数の平均値、すなわち適応度は、遺伝子型の違いによる相対的な違いが重要なので、通常はひとつの遺伝子型（表1-1では遺伝子型A_0A_0）の適応度を1とします。これに対して、遺伝子型A_1A_1の適応度を1＋sとします。sを淘汰係数とよびます。sは正の値も負の値もとります。またsがゼロのときには、3種類の遺伝子型の適応度には差がなくなるので、遺伝子A_0と突然変異遺伝子A_1は、たがいに淘汰上は中立となります。

表1-1のhは優性・劣性の度合いを示す係数です。h＝1／2のとき、ヘテロ接合体A_0A_1の適応度がふたつのホモ接合体のちょうど中間の値になります。この場合には個体のもつ対立遺伝子の数（0、1、2のどれか）によって適応度が決定されるとみなすこともできるので、遺伝子淘汰とよびます。hがゼロのときには、ヘテ

ロ接合体A_0A_1の適応度がホモ接合体A_0A_0の適応度と同じになるので、突然変異遺伝子から見れば、完全劣性となります。逆にhが1のときには、完全優性となります。ヘテロ接合体の適応度がどちらのホモ接合体よりも高い場合は超優性とよばれます。

以上のモデルにしたがうと、現世代A_1の遺伝子の頻度P_1は、次世代では遺伝子型A_0A_1の子孫の半分、すなわち（1／2）×2P_0P_1×（1＋hs）と、遺伝子型A_1A_1の子孫の全体、すなわち1×P_1^2×（1＋s）の和を考慮して、

$$P_1' = [P_1^2(1+s) + P_0P_1(1+hs)] / [P_1^2(1+s) + 2P_0P_1(1+hs) + P_0^2]$$

になります。この式の分子は次世代における遺伝子A_1の頻度、分母は次世代における集団全体の頻度です。遺伝子頻度の合計は1になるべきですが、ここでは世代変化を考えているので、次世代の遺伝子の頻度を現世代の頻度を含む式で表わすと、1ではなくなります。そこで、次世代の相対頻度を表わすために、上記のような標準化をするのです。

図1-10に、遺伝子頻度P_1が初期頻度0・001からスタートして、30000世代のあいだにどのように変化するかを、遺伝子淘汰（h＝1／2）の場合に、3種類の淘汰係数（s＝0・01、0・001、0・0001）について数値計算した結果を示しました。ただし、この結果

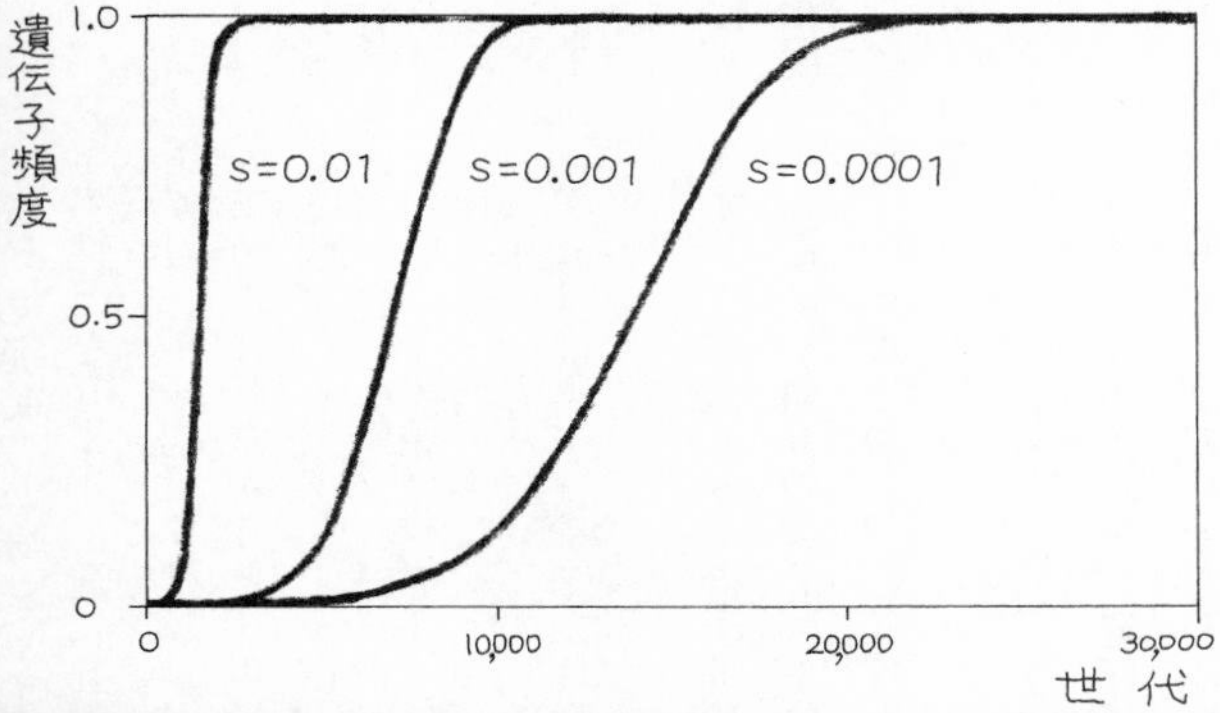

図1-10 無限個体からなる仮想的集団における、生存に有利な突然変異遺伝子の頻度変化（初期頻度0.001、s=0.01、0.001、0.0001の3種類）

は無限個体からなる仮想的集団における、生存に有利な突然変異遺伝子の頻度変化であり、現実の生物もこのようになるわけではありません。自然淘汰と同時に遺伝的浮動の効果を考える必要があります。このほか、他の隣接集団と遺伝子の交流（混血）も生じることがあるので、実際の遺伝子頻度変化はもっと複雑です。

また、ここで登場しない、もっと重要な変化があります。それは突然変異です。遺伝子の頻度が短期間に変動する様子を考察する場合には、突然変異の出現は無視することができますが、長期的な進化を考える場合には、突然変異の出番になります。突然変異は偶然に生じてくるので、生物進化にとって偶然がいかに重要であるか、認識していただけたでしょう。

第２章 進化の中心、ゲノムDNA

2.1 DNAが生物遺伝情報の担い手

「ヒトはどのように進化してきたのだろうか？」という疑問をもったことがある人は多いのではないでしょうか。たとえば、化石の証拠などにより、過去の人類がどのような形をしていたかを断片的ながら知ることができます。しかし、「生物はなぜ進化することができるのだろうか？」という疑問をもったことのある人は少ないかもしれません。ひとつだけの細胞からできた生命体からはじまって、ヒトというとてつもなく複雑で高度な生命体をつくりあげてきた進化の過程は途方もないものです。

ヒトは非常に発達した脳をもち、言語を操り、二足歩行をし、手を自由に使うことができるように進化してきました。このような高度な体のしくみをつくりあげる情報は、遺伝子によって親

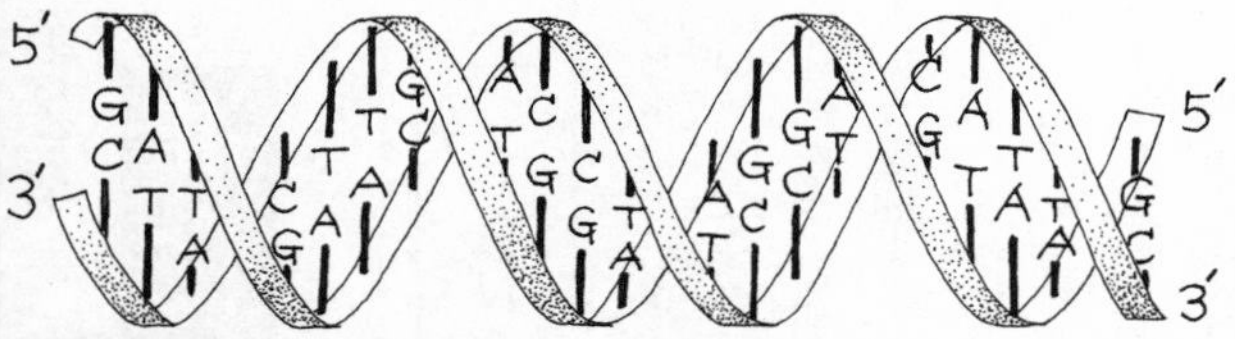

図2-1 DNA二重らせん

から子の世代に伝えられます。ヒトの発生はたった1個の受精卵からはじまりますが、ここからヒトの個体ができあがっていくことができるのは、この遺伝子がヒトの設計図の情報をすべてもち、順次設計図にしたがって働いてくれるからなのです。この遺伝子の情報はDNA（デオキシリボ核酸）という物質によって、細胞の核の中に保持されています。そして、このDNAによる遺伝のしくみこそが、生物が進化することができる理由そのものなのです。このことをこれから順次説明していきたいと思います。

DNAのなりたち

私たちの体は小さな細胞の集まりでできています。この小さな細胞の中には核があり、その中にDNAが折りたたまれています。このDNAはねじれたはしごのような、二本鎖のらせん構造をしています（図2-1）。二本鎖のらせん構造のはしごの部分にあたる場所に塩基があり、DNAの一本鎖どうしが向き合っています。塩基にはG（グアニン）、A（アデニン）、T（チミン）、C（シトシン）の4種類の化学物質があります。AはTと、GはCとが、それぞれ向かい合って結合することができます。つまり、たとえば片方の鎖に「GAGCT」という並びがあるときには、向かい合う反対側の鎖は「AGCTC」という並びになるのです（読み方は逆になる）。これを相補鎖といいます。

細胞が分裂するとき、核の中のDNAの情報すべてが完全にふたつの新たな核に分かれなければいけませんが、そのためには細胞分裂前にすべてのDNAのコピーをとっておくことが必要です。細胞にはDNAポリメラーゼという酵素があり、これによってすでにあるDNA鎖に相補的な新たなDNA鎖を合成することができます。DNAは糖とリン酸が交互に並んで結合していますが、糖には1′から5′の位置があって、リン酸と結合しているのは5′と3′の位置です。その結果、DNA鎖には5′から3′という方向性が生じます。DNAポリメラーゼは5′から3′の方向にだけ進むことができます。一方の鎖の複製はそのまま連続して進んでいくことができますが、反対側の鎖ではそうはいきません。短い鎖を合成しては、後に戻って新たな短い鎖を合成して、というように進んでいきます。そして後でこれらの短い鎖をつなぎ合わせれば両方のDNA鎖の複製が完了します。

この複製の過程は非常に正確で、合成されたDNA鎖に間違いがあるとそれをチェックして正しいものに置き換えるしくみがあります。このため、複製されたDNA鎖はほとんどの場合にもとのDNA鎖とまったく同じものができあがります。ところが、ごくまれに（普通、複製100

万回に1回以下の割合で）複製に間違いが生じて、もとのDNA鎖とは違う塩基が組み込まれてしまうことがあります。これが塩基の突然変異です。突然変異が起きると、癌《がん》などの病気の原因になったりして有害な場合が多いのですが、しかしそれと同時に突然変異は進化にとってとても重要な意味をもつこともあります。というのは、新しい突然変異が生じなければ、DNA配列の進化を起こすことができないからです。

2.2 ゲノムDNAとは

生物を形づくるDNA遺伝情報すべてのひと揃《そろ》いをゲノムとよびます。具体的にヒトでいうと、配偶子（精子や卵）に含まれる染色体1セットのことを指します。この1セットの中にヒトの体を設計する基礎や、生きていくために必要な仕掛けがすべて含まれていると考えることができるのです。その大きさはヒトの場合、約32億塩基対になります。

ヒトは真核生物で、原核生物に比べてずっと複雑なゲノム構成をもっています。そのひとつがイントロン構造です。細胞の中で実際に働くRNA分子に転写されるエクソンとよばれる領域のあいだに挿入されており、遺伝子が読まれてRNAができるときに切り捨てられるようになっているしくみがあるのです（図2-2）。これをスプライシングとよびます。また、一種類のDNA

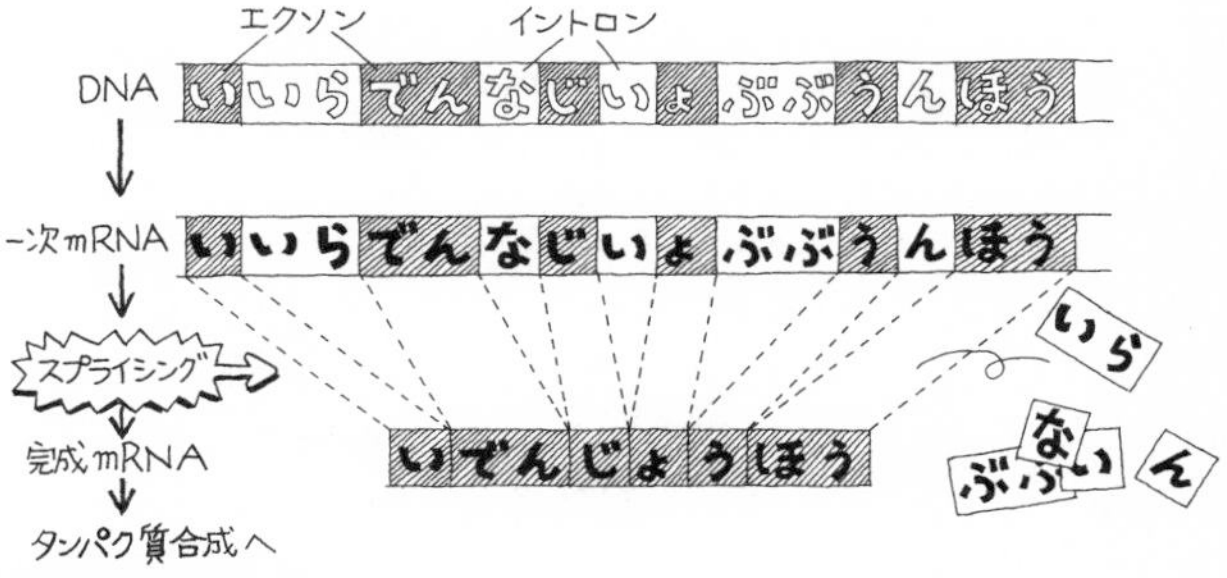

図2-2　スプライシング

配列から複数のイントロンの切り捨てられ方が生じることがあり、選択的スプライシングとよばれます。このイントロンの存在のために遺伝子全体のサイズは真核生物のほうが大きくなっているのです。エクソン領域がゲノムに占める割合は、ヒトのゲノムでは実のところ１・５％程度しかないことがわかっています。

　では、残りの98・５％は一体どうなっているのでしょう。遺伝子と遺伝子のあいだには、遺伝子のない長大な領域が存在します。ここには多くの反復配列が存在し、ＬＩＮＥ（長い散在型の反復配列）やＳＩＮＥ（短い散在型の反復配列）とよばれています。ヒトではなんとゲノムの44％がＬＩＮＥあるいはＳＩＮＥなどで占められているのです。これほどの大きさを占めているのにもかかわらず、これら散在型反復配列の機能は不明で、おそらく役に立たないがらくたＤＮＡ（ジャンクＤＮＡ）であろうと考えられていました。

　また、残りの領域は遺伝子が壊れた偽遺伝子や遺伝子の断

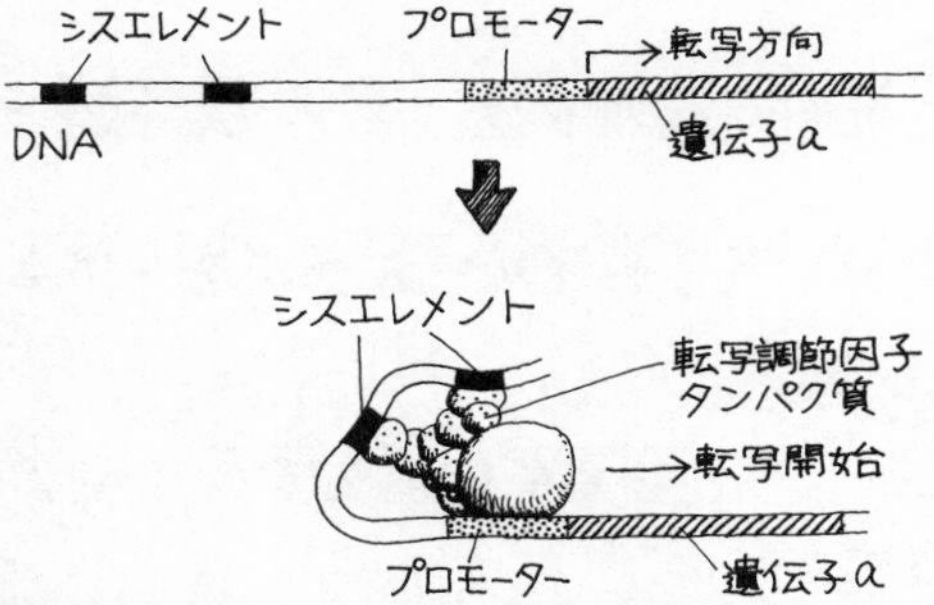

図2-3 **シスエレメント**

片などで占められているようです。つまり、ヒトのゲノム中のほとんどの領域が、遺伝子以外の機能不明の領域で占められているのです。バクテリアのような原核生物のゲノムではこのような一見無駄な領域はほとんどないので、真核生物であるヒトのゲノムがいかに不思議な存在であるかがわかると思います。

最近になって少しずつ、この一見無駄で不思議な領域の中にも大切なゲノム機能が隠されていることがわかってきました。たとえば、各遺伝子をいつ、どこで発現させるかを決めて調節する領域があり、これをシスエレメント（発現調節される遺伝子と同じDNA鎖上にあって、その発現を調節するDNA配列のこと、ここに転写調節因子タンパク質が集合して働くと考えられている）とよびます（図2-3）。このシスエレメントは遺伝子の近傍にある場合もあれば、遠く離れた場所にある場合もあります。今まで知られているうちでもっとも遠いもののひとつは、なんと100万塩基も離れていることがわかっています。このほかに、タンパク質をコードしない小さなＲＮＡをコードする遺伝子が大量に存在することもだんだんわかってきました。これらの通常の遺伝子以外の機能領域がどのくらいあるのか、現時点ではよくわかっていません。しかし多少のヒントになることがあります。近年行なわれるようになった比較ゲノム（ある生物種のゲノムの塩基配列と別の生物種のゲノムの塩基配列を比較し、その相似点や相違点を調べる手法）の研究によると、ヒトとマウスの非コード領域を比較すると、進化的に保存している領域がコード領域以外にもかなりあって、しかもコード領域に匹敵するほどの量が存在するということがわかってきたのです。このほとんどは今の時点で機能が不明ですが、先に述べたような遺伝子の発現調節領域や、ＲＮＡ遺伝子などである可能性が高いと考えられているのです。このように、タンパク質をコードする遺伝子と、その発現調節領域、そしてＲＮＡ遺伝子などが複雑に絡み合って構成されているのが、ヒトゲノムの実体なのです。

2.3　ゲノムは進化する

ヒトゲノムは、その大きさから見て真核生物の中でどのような位置にあるのでしょうか（表２-１）。出芽酵母の場合、ゲノムサイズは12Mbほどです（１Mbは１００万塩基対）。これが線虫に

表2-1　いろいろな生物のゲノムサイズの比較

生物種	ゲノムサイズ
菌類	
出芽酵母	12Mb
無脊椎動物	
エレガンス線虫	97Mb
キイロショウジョウバエ	180Mb
バッタ	5000Mb
脊椎動物	
トラフグ	400Mb
マウス	3000Mb
ヒト	3200Mb
植物	
シロイヌナズナ	125Mb
コムギ	16000Mb

なると97Mbと大きくなり、ショウジョウバエでは180Mbになります。脊椎動物のフグでは400Mbとなり、マウスでは3000Mb、そしてヒトでは3200Mbになります。こうしてみると一見、より複雑に進化した生物ほど大きくて複雑なゲノムをもっているように見えます。ところが、バッタでは5000Mbもの大きさのゲノムをもつことが知られていますし、コムギではなんと1万6000Mbものサイズになるのです。このように、大まかには生物の体制の複雑さの進化と、ゲノムサイズの増大には比例関係があるといえるのですが、多くの例外も存在するのです。

なぜゲノムサイズに違いが生じるのか

ゲノムサイズの違いが、なぜ、そしてどのように起こっているのかを知るためには、ゲノムが進化するときにどのようなことが起きるのかを知る必要があります。まず、ゲノムでは染色体の組換えが起こります。組換えが起こるときに相同な領域で起きていれば、ゲノムサイズの変化はないのですが、相同でない領域でもごくまれに組換えが起きることがあり、その結果、あるゲノムの領域が重複したり、欠失したり、あるいは別の染色体へ組換えを起こしたりします。このようにしてゲノムの中がかき混ぜられ、その構成が進化の過程でだんだん変化していくのです。染色体が丸ごと重複したり、欠失したりすることもあります。

さらに、ゲノムを構成する染色体のセットひと揃いが丸ごと重複する場合があり、これをゲノムの重複といいます。ゲノムの重複が起こると、遺伝子セット丸ごとが重複するため、遺伝子間の量的なバランスがもとどおりで崩れにくく、一部の染色体だけの重複に比較して異常が起きにくいことが考えられます。このほかに、ゲノムには大量の散在型反復配列が含まれており、これが爆発的に増幅することによって、ゲノムサイズの増加が起きることもあります。

このようなゲノム重複や散在型反復配列の増加によってゲノムサイズは大きく変化することができますが、これだけでは実質的な遺伝子情報はもとのままで、複雑さを増すことはできません。さらに多くの変化がゲノム上に生じることにより、タンパク質の性質を変化させたり、遺伝子発現調節領域を変化させて遺伝子発現の空間的・時間的な変化を起こさせたりすることができるようになって、ようやくより複雑な情報を保持することができるようになると考えられます。つまり、ゲノム全体のサイズと、ゲノムがもつ情報の複雑さは必ずしも比例してはいないのです。これが生物種によってゲノムサイズが大きくばらついている謎の主な理由なのです。

2.4 ゲノム進化の例

では、具体的にヒトのゲノムへと至る過程ではどのようなゲノム進化が起きているのでしょうか。それにはまず脊椎動物の起源の段階から見てみることにしましょう。脊椎動物の起源に近い祖先種は、現在生存している頭索《とうさく》類のナメクジウオに似た種であったと考えられています。祖先種はすでに絶滅しているのでそのゲノムを直接知ることはできませんが、ナメクジウオのゲノムを脊椎動物のゲノムと比較することで祖先種のゲノムの姿が見えてきます。

個々の遺伝子の進化を調べて系統解析をした結果をまとめると、どうやら祖先種のゲノムから2回のゲノム重複をくり返して、現在のヒトゲノムに到達しているらしいのです。この仮説をゲノム重複の2ラウンド仮説とよびます（図2-4）。2回のゲノム重複があったであろうことは、

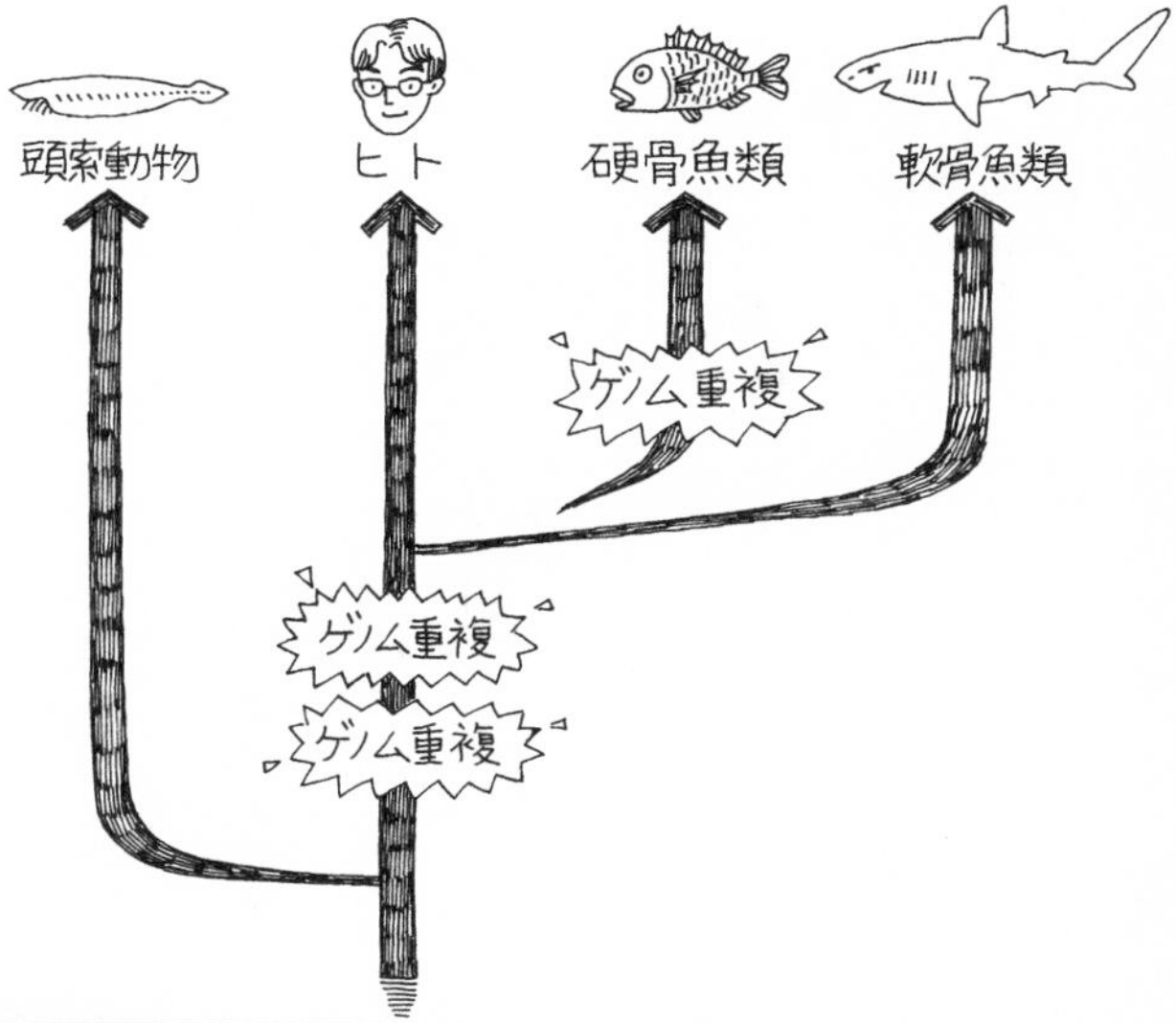

図2-4　ゲノム重複

1970年に大野乾《すすむ》により提唱された遺伝子重複による進化説でも述べられていますが、その時期について現在では、頭索類と脊椎動物の分岐以後から軟骨魚類の分岐以前の時期のどこかで2回のゲノム重複が起きたのであろうという説が有力です。さらに硬骨魚類のゲノムではもう1回別のゲノム重複が起きていることがわかっています。

このように、ゲノム全体が重複することで遺伝子数が飛躍的に増え、その後消失していく重複した遺伝子がある一方で、一部の遺伝子は新たな機能を獲得し、より複雑な体制の動物に進化していったというストーリーが浮かび上がってくるのです。では、個別の遺伝子の進化では、ヒトへとつながっていく遺伝子の機能の変化にはどのようなものがあったのでしょうか？　そのいくつかの例を次で述べたいと思います。

2.5　人類進化と遺伝情報進化のかかわり

人類が哺乳類の共通祖先から進化してくる段階で、どれほどの遺伝子に変化が生じ、その機能を変えて、ヒト化（ホミニゼーションといいます）に貢献してきたのでしょう。これは皆が興味をもつところで、大変魅力的なテーマです。しかしながら今までのところ、大脳皮質の発達や二足歩行を可能にした、ヒト化に決定的に働いた遺伝子進化は具体的にはとらえられていないといってよいでしょう。ただし、ヒトに至る進化の過程で、ヒトのさまざまな特徴の一部を決定するような遺伝子の進化は次々と見つかってきています。

ヒト化に貢献するふたつの遺伝子進化パターン

タンパク質をコードする遺伝子進化で、ヒト化に積極的に貢献した候補には大きく分けて2種類あります。ひとつは、新たに生じたアミノ酸変化がタンパク質の性質に変化を与え、その結果新しい機能を獲得し、今までになかった生物種独自の機能を実現する場合です。もうひとつは、今までもっていた遺伝子の機能が、点突然変異などの結果生じたフレームシフトなどのなんらかの原因で失われるような場合で、偽遺伝子化といいます。こちらは一見遺伝子が失われるということで何も寄与しないと思われるかもしれませんが、たとえば新しい環境に適応しなければならない場合、以前は役に立っていた酵素などが逆に新しい環境で害になることがありえます。このような場合、すみやかに遺伝子が消失したほうが積極的な適応をすることができる可能性があるのです。

新規機能獲得による遺伝子進化の例

新規機能獲得による遺伝子進化の例として、免疫系の進化が有名です。ヒトを含む霊長類でよく研究されているものに、ＭＨＣ（主要組織適合性抗原）遺伝子や免疫グロブリン抗体遺伝子の例があります。これらは獲得免疫反応に必須で、分解した外来異物を提示する役割や、外来異物に結合して無害化する役割をもつものです。これらの遺伝子で外来異物を認識する領域の進化を調べてみると、種内・種間を問わず、非常に多くの変異が生物集団内に蓄積していることがわかりました。さらに、こうした変異を生みだす塩基の突然変異は、アミノ酸を変化させる変異（非同義置換といいます）に極端にかたよっていることがわかりました。このことは、タンパク質の変化を起こす変異が進化の途上で積極的に選ばれてきたことを示し、このような現象を正淘汰進

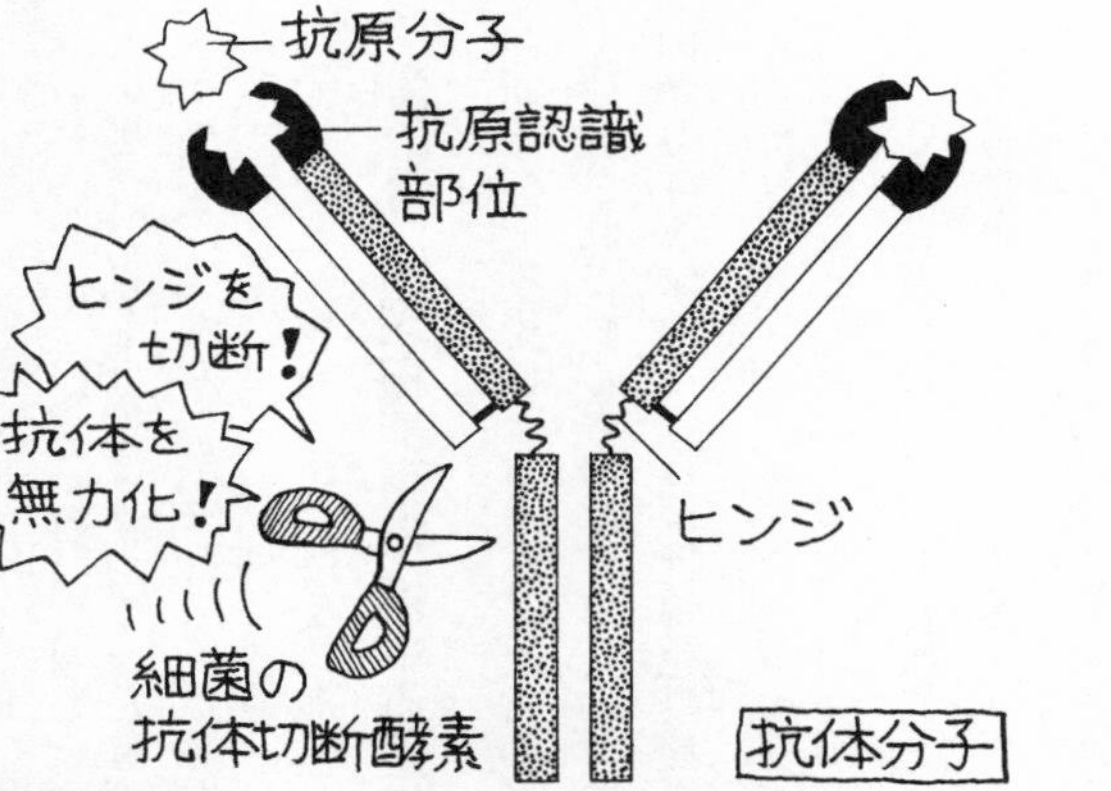

図2-5 抗体分子

化、あるいはダーウィン型の淘汰進化が起きたといいます。これは第1章で説明した中立進化とは異なります。さらに、感染性のバクテリアがつくりだすタンパク質分解酵素が攻撃の標的にする抗体分子のヒンジという領域でも、抗原認識部位と同様に正淘汰進化していることがわかりました（図2-5）。

このように免疫系では外来の敵との応酬の結果、集団中に少しでも多く変異があったほうが生存に有利となる状況があり、常に正淘汰進化が起き続けるのです。霊長類の進化の過程で、新しい環境では常に新しい感染性の外敵と戦わなければならず、獲得免疫系のたゆまざる進化はヒトへの進化を支えてきたゲノム進化の一例といえるでしょう。

免疫系以外の例もあげてみましょう。食物獲得に関する機能は生物の生存にとってもっとも重要な機能のひとつです。樹上生活で主に果実食をする霊長

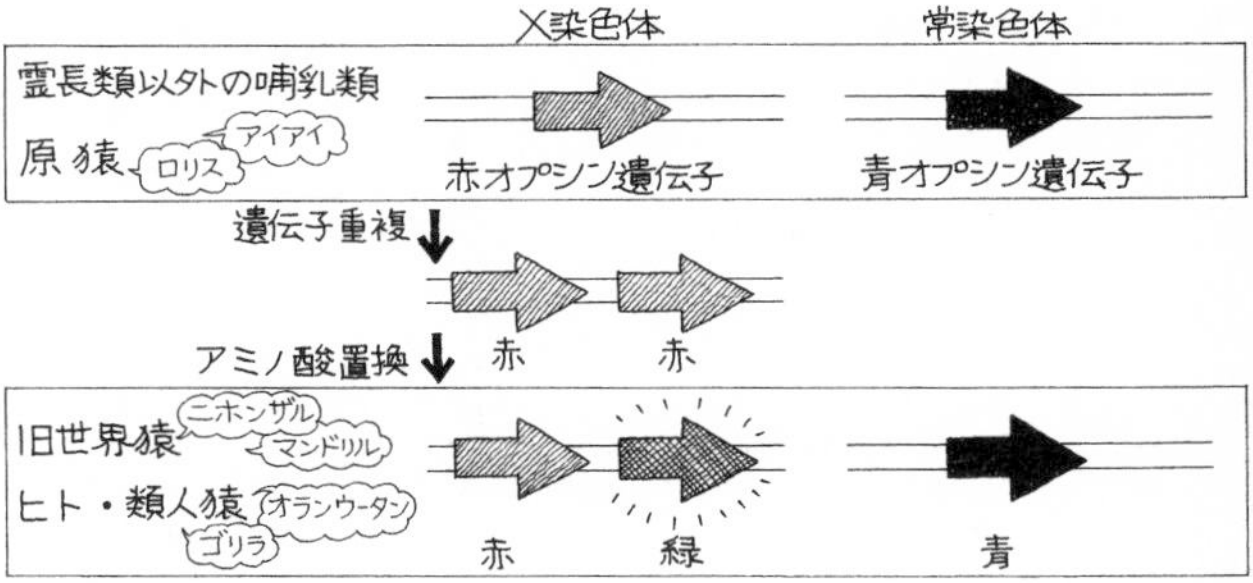

図2-6　三色視

類にとって、色覚は非常に重要な機能です。霊長類以外のたいていの哺乳類や原猿では、光受容体のオプシン遺伝子がX染色体と常染色体にそれぞれひとつだけしかないので、赤と青の二色の色覚をもつことになります。これに対してヒトや旧世界猿では、このX染色体上の赤オプシン遺伝子が重複した後に、一方のオプシンにアミノ酸の置換が起こって緑オプシンが生じたために、赤と緑を別々に認識できるようになって三色視ができるようになりました（図２-６）。これも食物獲得に役立つことによる正淘汰進化の例でしょう。

言語能力の進化もヒト化において重要な側面でしょう。この言語能力にかかわる遺伝子進化として近年注目を浴びているのが*FOXP2*遺伝子です。他の霊長類と比較してみると、ヒトだけに２個のアミノ酸置換が生じており、しかもこれが正の淘汰を受けて進化した可能性があることが示されました。この遺伝子は音声や言語の能力に必要であることがわかっていることから、このふたつのアミノ酸置換による進化が、ヒトの音声・言語能力の進化に少なくともある程度部分的に寄与したのではないかという説がだされています。しかしながらまだそのメカニズムがわかっておらず、*FOXP2*が本当に人類の言語能力進化を促したのかどうかの結論はまだ先になるでしょう。

偽遺伝子化による進化の例

もうひとつの遺伝子進化パターンである偽遺伝子化による進化の例として有名なものには、ビタミンCの合成酵素の欠損があります。霊長類とモルモット、ゾウなどを除いて、多くの哺乳類は自前でビタミンCを合成できるのですが、原猿以外の霊長類ではビタミンC合成に必要な遺伝子（グロノラクトン酸化酵素遺伝子）が偽遺伝子化して機能を失っているのです。霊長類では葉や果実などの食物からビタミンCを摂取できるので、もはやこの遺伝子が必要なくなったのでしょう。環境が変わったことで遺伝子が不要になった例であり、中立進化によると考えられています。

同様に環境変化のため不要になったと思われるものに、嗅覚受容体の進化があります。霊長類では外界の情報を得る手段として、嗅覚よりも視覚に依存しています。ヒトの場合、嗅覚が退化したと考えられ、その結果として、嗅覚受容体遺伝子の約50％が偽遺伝子化しています。

ヒト化のもっとも華やかな面である脳容量の増大について、おもしろい説が最近だされました。それは、ミオシン重鎖16番遺伝子が、ちょうど脳容量の増大がはじまる時期に相当する約240万年前に生じた突然変異によって機能を失い、その結果、咀嚼《そしゃく》筋の発達が弱くなり、脳容量の増大を妨げる要素がなくなったために脳の増大につながったのではないか、と考える説です。これには反論があり、咀嚼筋の減退が本当に起きたのか、あるいは咀嚼筋が脳容量の増大の妨げに本当になっているのかについて疑問がだされています。

いくつかの例をあげてきましたが、これらは遺伝子のタンパク質をコードする情報が変異して進化する例でした。実はここでは触れなかった大きな問題が残されています。それはタンパク質の変化による新しい機能の獲得や、遺伝子の消失などではないもっと大きな変化が、本当のところヒトの進化を促したのではないかという可能性です。これについては２・７節で説明をします。

2.6　ゲノムに記述されている形態形成の情報と発現

ヒトの発生はたった1個の受精卵からはじまります。細胞質に蓄えた母親由来の情報を最初は使いつつ、徐々に自分自身のゲノムから情報を発現させ、やがて形態を形成していきます。発生現象は本当に神秘的で魅力的です。現在の知見では、発生現象を制御し形態形成に重要な役割をもつもののひとつが転写因子です。転写因子の遺伝子は適切なときに適切な場所で発現すると、適切なシスエレメントに結合して下流の遺伝子の発現をオン（あるいはオフ）にする役割をします。この流れが複雑な転写因子のネットワークを形成し、細胞塊中に遺伝子発現の「パターン」をつくりあげます。このパターンにしたがって場所の運命が決められ、またある場所の細胞は特定の別の場所に移動し、体の組織をつくりあげていきます。すなわち、この転写因子の「パターン」形成が後々の体の形態形成のための基礎情報になるのです。ヒトのゲノムには、ヒトの転写因子を発現してパターンを形成し、ヒトの体の形態をつくりあげていくための情報が詰まっているはずです。

このようなパターン形成に重要な役割をする転写因子は数多くありますが、その中でももっとも基本となる体の前後軸を決めていく*Hox*遺伝子について見てみましょう。

*Hox*遺伝子はヒトでは4つの染色体領域にA〜Dクラスターとして存在しています（図2-7）。それぞれが1番から13番までのメンバーをもち（一部欠失するものもあります）、染色体上に順序よく並んでいます。非常に興味深いことに、体の頭側から尾側に向かって、1番から13番までの*Hox*遺伝子が染色体上の並び順にしたがって順序よく発現パターンをつくります。これ

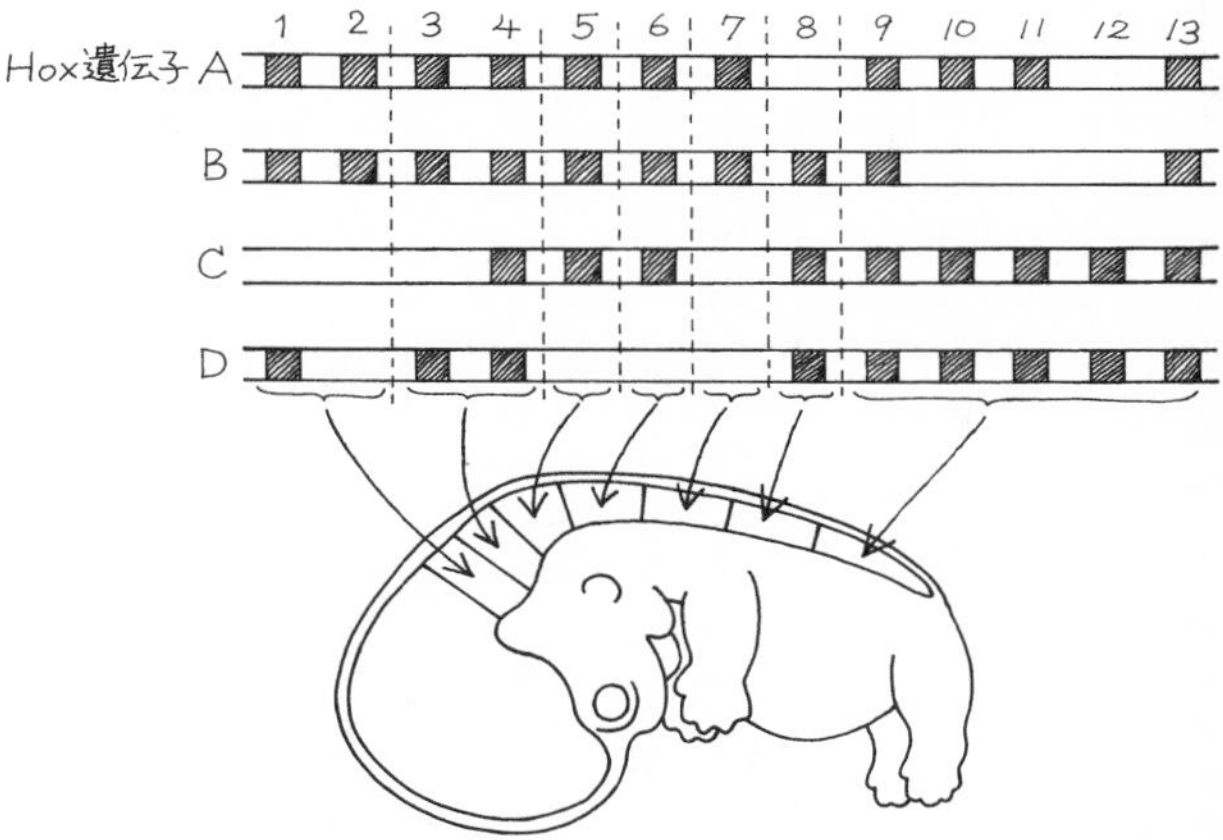

図2-7　*Hox*遺伝子の染色体上の構成と神経管で働く位置

は時間的にも空間的にも染色体上の並び順を反映してその順序で発現するのです。

このきれいに並んだパターンにしたがって体の各場所の運命が決まり、そこから手足が生えたり、決まった内臓ができてきたりするのです。このようなきれいな発現パターンを決めている情報はゲノムに書かれているはずなので、多くの研究者がそのメカニズムを調べていますが、まだまだその全容は謎に包まれています。

霊長類からヒトへの進化を考えたとき、胴体や手足の比率は、その生活形態、たとえば樹上生活から地上での二足歩行の生活といったように、その変化に合わせて変わったはずです。これは推測にすぎませんが、もしかしたらゲノムに記述された発生初期の*Hox*遺伝子のパターン形成が進化の過程でほんの少し変わることが、こうした比率の変化をもたらすのかもしれません。転写因子の発現調節メカニズムをゲノムの中に調べ求めることは、まだはじまったばかりの研究です。ヒトゲノムの解読が終わった今、ヒトの形態形成の神秘に切り込んでゆく研究材料には事欠きません。

2.7 キングとウィルソンの予測〜遺伝子発現調節がヒトの進化に重要

ヒトの特徴を知るためには、ヒトにもっとも近縁な霊長類種、すなわちチンパンジーとの比較が有効です。形態的、生理学的、行動学的、生態学的な違いがこれまでによく研究されてきました。最近ではチンパンジーゲノムの概要配列が２００５年に発表され、ついに全ゲノムレベルでの比較ができるようになりました。２００２年の藤山らによるヒトとチンパンジーのゲノム配列の違いは１・２３％という値です（図０-１を参照）。この中にヒトとチンパンジーの違いの秘密が隠されているのでしょうか。

１９７５年、キングとウィルソンは一報の論文を発表しました。それまでに明らかになっていたヒトとチンパンジーのタンパク質などの生体高分子のデータを集めてその差を調べ、遺伝的な距離を計算したのです。その結果、タンパク質の差は１％以下と小さく、ヒトとチンパンジーの形態的・生理学的差異はタンパク質のアミノ酸の差異ではなく、むしろ遺伝子発現調節に関する違いによるものであろうと予測しました。当時はまだ分子発生生物学の黎明《れいめい》期で、遺伝子の転写制御機構というものがどういうものか、よくわかってはいませんでした。彼らは調節上の違いを調べる新しい方法が必要だと述べ、この仮説の信憑《しんぴょう》性を確かめるべきだと主張しています。また、胎児の発生過程における遺伝子発現の調節メカニズムについて調べることが、個体レベルでの進化を理解するのに重要であるとも述べています。現代のゲノムの知識から考えてもこれはよく的を射た議論でした。

今ではゲノム上の転写調節はタンパク質である転写調節因子と、その標的であるシスエレメント、さらにはそのシスエレメントが開いた状態か閉じた状態かによって複雑に調節されていることがわかってきています。では、一体これらのどこの違いがヒトとチンパンジーの違いを説明するのでしょうか？　残念ながらこれに関しては今のところまったくといっていいほどわかっていないのです。しかも、遺伝子の発現量の違いがあるとしても、それがただちに種の表現型の違いに結びつくわけではないところがまた難しいのです。マイクロアレイ（遺伝子に相当する多様な配列の微量ＤＮＡを基板上に整列して載せて固定化したもので、ＲＮＡの発現量を解析する）を用いた実験データによると、ヒトとチンパンジーの遺伝子発現パターンの比較の結果は、組織ごとの遺伝子発現量の違いがおおかた中立的で、とくに有利な表現型の違いに結びついてはいないようである、というものでした。今のところ、データの扱い方の確立した方法がないために最終的な結論をだすのはまだ早いようですが、いずれにしても、ヒトとチンパンジーの形態的な違いを説明する変異を探り当てるのは非常に難しい作業であることだけは間違いないのです。

2.8 調節遺伝子と調節領域の実体

調節遺伝子とは、他の遺伝子の発現の調節をする役割をもった特殊な遺伝子のことで、DNA結合部位をもちゲノム上の転写調節領域に結合して近隣の遺伝子の発現を調節する転写因子をコードする遺伝子や、細胞膜レセプターや細胞内外および核内のシグナル伝達分子をコードする遺伝子などがあります。転写因子のDNA結合領域は、特定のDNA配列を認識することができるため、その配列を周囲にもつ特定の遺伝子だけを標的にすることができます。そのため、このDNA結合領域に突然変異が起こって認識する標的配列が変化したとすれば、標的になる遺伝子の発現パターンが変化することになります。これによってゲノムからの情報の読みだしが大きく変更され、結果として劇的な表現型の進化につながることが可能性としては考えられます。ところが、今までのところヒトとチンパンジーでこのような種類の劇的な変異は見つかっていません。

また、DNA結合領域以外の領域、たとえば他のタンパク質との相互作用を行なう領域に変異が起きることでシグナルの伝達パターンが変更されて、やはり大きな表現型変化をもたらす可能性も考えられますが、これもまだヒトとチンパンジーのあいだでそのような変化は報告されていません。そもそも体の形態を形づくるような役割をもつ転写調節遺伝子は、他の遺伝子に比べて進化的にきわめて安定で突然変異が少ないのが一般的なのです。このことは転写因子など遺伝子本体に起きる変異はその影響が大きすぎて致死的な結果をもたらすために、実際のところ進化にはそれほど寄与しないことを意味しているのかもしれません。

これに対して、調節遺伝子そのものではなく、調節遺伝子が標的とする調節領域、すなわち標的シスエレメントは比較的大きな悪影響を及ぼすことなく進化することができる性質をもっています。ある遺伝子に関する１ヵ所のシスエレメントが変化しても他の遺伝子には影響が及ばないので、きめ細やかな変化を起こすことが可能です。一般的にヒトのような哺乳類ゲノムのシスエレメントは多くの転写調節因子の標的配列を含んでいて、その組み合わせ方により無数の複雑な機能を発揮できる構造になっています。したがって、シスエレメントに起きた突然変異をヒトとチンパンジーで比較して、もし転写因子の組み合わせを変えるような変異がシスエレメントに起きていれば、それがヒトと他の霊長類のあいだの違いの原因かもしれないのです。

ヒトとチンパンジーのゲノム比較により、シスエレメントと思われる領域にヒトに特異的な変化が観察された例は、まだ多くはないもののいくつか見つかってきています。２００５年に、脳内で働くオピオイド神経ペプチドの前駆体の一種、プロダイノルフィンの調節領域において、ヒト以外の霊長類ではまったく変異が見られないのに、ヒトだけで多数の変異が生じて固定していることが報告されました。集団遺伝学的にも正淘汰の可能性が指摘され、実験的にもヒトとチンパンジータイプで転写調節活性が異なることが示されました。この変異が実際に個体の表現型レベルでどのような影響を及ぼすのかはいまだ不明ですが、今後このような進化の例が他の遺伝子の調節領域でもどんどん見つかってくるでしょうし、その機能的な結果も明らかにされてくるでしょう。キングとウィルソンが予測した調節領域の進化によって起きたヒト化の過程についての理解が、ゲノムレベルで解明されるときはもうすぐ来るかもしれないのです。

2.9 ヒトへの形態進化をもたらしたゲノム進化の実体とは

ヒト化に至る進化のメカニズムをゲノム情報から探すことが現在行なわれていることを説明してきましたが、これはなかなか難しい問題でまだ答えは出ていません。ただし、ヒト化そのものを説明しないまでも、そのヒントとなるような興味深い遺伝子がいくつか見つかっていますので紹介しましょう。

まず最初に人類の形態進化のもっとも特徴的な「脳の巨大化」について考えてみましょう。人類の祖先形の動物では、脳は小さかったはずです。これになんらかの「ゲノムの改変」が起こり、脳を大きくするというプログラムがゲノムに書き込まれたため、現代の人類のような大きな脳がつくられるようになったのです。ということは、ある遺伝子の機能が失われたときに脳の矮《わい》小《しょう》化という人類の進化とは逆の変化が起きたとしたら、その遺伝子はもしかしたら脳の巨大化にかかわる進化的な改変をもたらした原因遺伝子かもしれません。実際に、このような脳の形は変えず脳のサイズだけを小さく変化させてしまうヒトの遺伝子の突然変異がいくつか知られていま す。それらは*MCPH*遺伝子とよばれています。*Microcephalin* 遺伝子（別名*MCPH1*）を皮切りに、その後多くの*MCPH*遺伝子が報告されています（２０２１年時点で*MCPH1*から*MCPH25*まで）。

*Microcephalin*遺伝子は、細胞周期の制御やＤＮＡ修復に関係する遺伝子で、その他の*MCPH*遺伝子も多くが細胞分裂制御に関係していることがわかりました。すなわち、細胞分裂の回数の制御により、脳の細胞数が変化してしまうので脳のサイズが変わっているらしいという推論が成り立つのです。おもしろいことに、同様に細胞分裂を制御するβカテニンという遺伝子を過剰発現させたマウスでは、細胞分裂が増えて細胞数が増し、その結果脳のサイズが増大し、あたかも人間のように突出した額と、脳の「しわ」が見られるようになります（図2-8）。このような、ある特定の遺伝子の機能が変化することで、脳のサイズの増大は突然起こりうるものなのかもしれない、という発見は非常に興味深いものです。各*MCPH*遺伝子の進化が、もしか

図2-8　おでこのネズミ

したらヒトの脳サイズ増大に関係するのかもしれません。

このことを裏づけるような分子進化学的な解析データがあります。塩基置換のパターンからこれらの遺伝子が過去にとても有利な遺伝子変異を起こしたかどうかを調べたところ、霊長類の中でヒトにつながる系統でのみ有利な遺伝子変化が多いこと、すなわち正淘汰進化が起こった可能性が示されたのです。*MCPH1*遺伝子は小型類人猿と大型類人猿が分岐した後に、大型類人猿とヒトにつながる系統で正淘汰進化が起きた可能性、*MCPH5*遺伝子はチンパンジーとヒトが分かれた後でヒトの系統で正淘汰進化が起きた可能性が示されました。人類特有の大きな脳の形成になんらかの関与があることを示唆しています。

*MCPH*の例を紹介しましたが、脳だけにとどまらず、人類特有の頭部の形態に影響を与える遺伝子の突

然変異についても、まだ有力な証拠は見つかっていませんが、これからどんどん見つかってくるかもしれません。われわれと同じ哺乳類であるイヌの品種間では、頭部の形態の差異が非常に大きく、その原因と考えられる突然変異が*Alx-4*遺伝子および*Runx-2*遺伝子などといった形態形成遺伝子にあることがわかっています。ヒトにも共通に存在するこのような形態形成遺伝子群は人類の形態進化の原因を探る上でとてもよい候補遺伝子群です。こうした興味深い遺伝子群についての最先端のゲノム研究が現在進んでいます。

最近の古人骨ゲノム解析の進歩はめざましく、２０１０年にスバンテ・ペーボたちのグループはネアンデルタール人の化石から全ゲノム配列を決定することに成功しました。またその後デニソワ人のゲノム配列も決定され、１００万年ほど前に現生人類から分岐したことや、デニソワ人の中でも系統によって遺伝的な違いが非常に大きいことが報告されています。２０１９年にはデビッド・ゴクマンたちのグループが、骨格に関係すると考えられるゲノムＤＮＡ領域のメチル化を調べて、デニソワ人骨格の特徴を推定する報告をしています。こうした近年のゲノム研究の進歩を考えると、そう遠くない将来に私たち現生人類の特徴を決めているゲノム・遺伝子進化の謎が解き明かされるかもしれません。

第3章 人類進化の年代を測る

人類の進化を理解するための最大の情報源は、人骨の化石です。化石を古い順番に並べていくことで、人類の顔や体の構造がどのように変化してきたのか、あるいはどのような環境の変化に対応してきたのかを読み解くことが可能となります。それでは、どのようにして化石の順番を決めればよいでしょうか？　同じ場所で出土した化石ならば、下の地層のほうが古いという地質学の原理を応用できます。あるいは、一緒に出土する動物の化石が手がかりになるかもしれません。しかし、その地層や化石が何万年前のものであるかを知るためには、どうすればよいのでしょうか？

こうしたときに化石や遺跡の年代を決定する方法を、年代測定とよびます。本章では、さまざまな理化学的な方法が応用されている年代測定が、人類進化の研究で果たしてきた役割について見てみたいと思います。

3.1 ダーウィンの進化論と地球の年齢

イギリス人のチャールズ・ダーウィンが『種の起原』という本で進化のメカニズムを説明したのは、１８５９年のことです。そのころは、まだ聖書の教えを忠実に守るという考え方が強く残っていました。ダーウィンは、長い時間をかけることによって生物種が別の種に変化するしくみを「自然淘汰」で説明しました。しかし、生物を含む万物が神によって6日間でつくられたという聖書の「創世記」を真実であると信じていた人々は、この考え方を素直に受け入れることができなかったようです。その理由のひとつに、地球の歴史が生物の形を変化させるほど長いものではないという考えがあったのです。

当時のイギリス国教会が印刷していた聖書には、17世紀の聖職者ジェームス・アッシャーが行なった計算にもとづいて、紀元前４００４年に天地創造が行なわれたという脚注が印刷されていたそうです。公式には地球の歴史が６０００年弱しかなかったことになります。このような短い時間では、地球上のさまざまな生物がひとつの生命から誕生して異なる形に分かれていったとは、とても信じられないでしょう。

一方、ダーウィンはイギリス南部のダウンズに広がる大渓谷が形成される時間を概算して、３

図3-1 ダーウィンとアッシャー

億年以上の時間がかかったはずだと計算し、生物の多様性はもっとずっと長い時間をかけて獲得されたものだと考えたようです（図3-1）。

ケルビン卿が見落としたもの

しかし、当時最高の物理学の権威だったケルビン卿（本名ウィリアム・トムソン、1824～1907）は、地球の熱量の計算から、もっと短い地球の歴史を考えていました。彼は、地下深くの鉱山で岩石が温かくなるのは、地球が熱くどろどろに熔解したひとつの塊から、徐々に冷却していることを示していると考えました。星屑どうしが衝突して、そのエネルギーによってどろどろに溶けた岩の塊がつくられ、衝突が終了すると、地表から徐々に冷たくなり、固まってきているのが現在の地球の姿だと考えたのです。物理学者のケルビン卿は、岩石が冷却する速度と鉱山の深い縦穴で観察される

図3-2　ケルビン卿とキュリー夫妻の考え

地熱から、地球の年齢を数千万年、長くても1億年と計算しました。これでは、生物の進化を説明するには到底短すぎます（図３-２）。

ケルビン卿の計算は、地球の内部には熱を発生するものはないという前提で行なわれたものでした。しかし、この前提に大きな間違いがあったのです。１８９６年にアンリ・ベクレルによって発見された放射線を研究していたキュリー夫妻が、１８９８年にラジウムという放射性元素から放射線とともに熱が発生していることを見つけました。地球内部にはラジウムのほかにも、ウラン、カリウム、トリウムといったさまざまな放射性元素が含まれています。それらから発生する熱を計算に入れると、地球の冷却速度はケルビンの推定よりもずっとゆっくりしたものだったのです。

3.2 天然の砂時計：放射性同位体

地球の年齢が短く見積もられた原因には、放射性元素から発生する熱エネルギーの存在がありました。実は放射性元素には、砂時計のように時間を測ることに応用できるという性質もあります。ウランやカリウム、炭素などといったさまざまな放射性元素が、年代測定で利用されています。

放射性元素というのは、不安定な原子核が放射線をだしながら別の元素に変化する性質をもつ元素のことです。すべての物質を構成している元素は、もともとそれ以上分割できないものと考えられていましたが、その内部には原子核と電子が存在することがわかってきました。さらに原子核の内部には、正の電気を帯びた陽子と帯電していない中性子という2種類の粒子が含まれます。20世紀になって原子の重さを調べられるようになると、同じ元素でも少し重さの異なる原子(すなわち原子核に含まれる中性子の数が異なる原子)が存在することがわかってきました。このような重さの異なる原子のことを同位体とよんでいます。

炭素や酸素といった元素の化学的な性質は、原子核の周りを飛び回っている電子の数で決まります。同位体では、原子核の重さは異なりますが、電子の数は同じなので物質としての性質には違いがありません。しかし、中性子の数が増えていくと、原子核が安定でいられる条件が少しずつ崩れていきます。不安定になった原子核は、原子を構成する粒子を放出しながら違う元素に変化していきます。このような現象のことを放射壊変といい、この崩壊で飛びだしてくる粒子のことを放射線とよびます。

ある放射性元素がいつ放射壊変するのかを、物理的に予想することはできません。しかし、放射性元素を集団で見てみると、ある統計的な法則があることが知られています。どの元素が崩壊するかはわからないのですが、集団で見てみると一定の時間で半分が壊変するというおもしろい性質です。それぞれの放射性元素には、半分になる特有の時間があるので、この時間を半減期とよんでいます

放射性元素の半減期には、数十億年という長いものから、数秒の短いものまであります。たとえば、ウラン２３８は、2個の中性子と2個の陽子を放出してトリウム２３４に変化します（図３-３）。この壊変によってウラン２３８が半分になるのにかかる時間は、約45億年です。さらに、トリウム２３４も不安定な原子核で、すぐにプロトアクチニウム２３４を経てウラン２３４に変化してしまいます。トリウム２３４の半減期は24日、プロトアクチニウムの半減期はわずか1分10秒しかありません。こうしてできるウラン２３４は、半減期24万５５００年とかなり安定なのですが、それでもまだ完全に安定な状態になっていないため、最終的に安定な鉛２０６にな

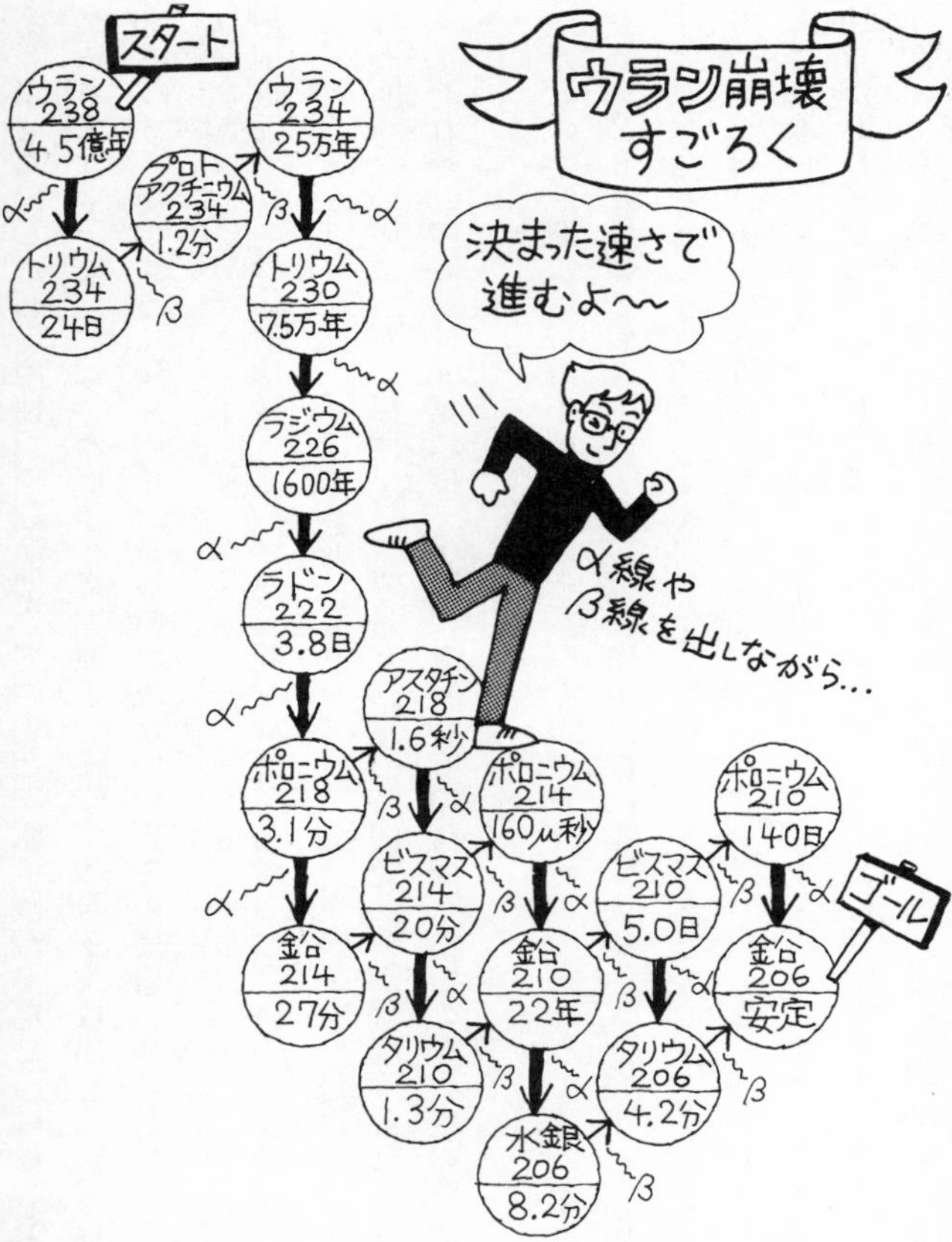

図3-3 ウランの壊変系列のイメージ

るまで、この後11回も放射壊変を続けるのです。ウラン２３８と同じように長期間の半減期をもつ放射性元素に、トリウム２３２（半減期１４０億年）やウラン２３５（半減期７億０４００万年）があります。これらの放射性元素は、地球や宇宙の年齢といった非常に長い時間の測定に向いています。１９５０年代には、最終的に安定になった鉛の同位体の割合から、地球の年齢は45億年〜46億年という推定がなされるようになりました。

3.3　人類の歴史を測る

先に紹介したウランやトリウムの放射壊変を利用した方法は、数十億年単位の岩石の年代決定には有力な道具になりますが、数百万年という単位の人類の進化を調べるには、いささか目盛が荒すぎます。人類の進化を調べるためには、もっと半減期の短い、精密なものさしが必要です。そこで着目されたのが、半減期12・5億年のカリウム40と、それに由来するアルゴン40の組み合わせです（図３-４）。アルゴンは気体なので、岩石が溶解していると大気へと放出されます。そのため、どろどろの溶岩が固まってできた火成岩には、もともとアルゴンがほとんど含まれていません。すなわち、火成岩の結晶に含まれているアルゴン40は、岩石ができてからカリウム40の放射壊変によってできたものだと考えられるのです。カリウムは岩石や鉱物に広く存在する元素

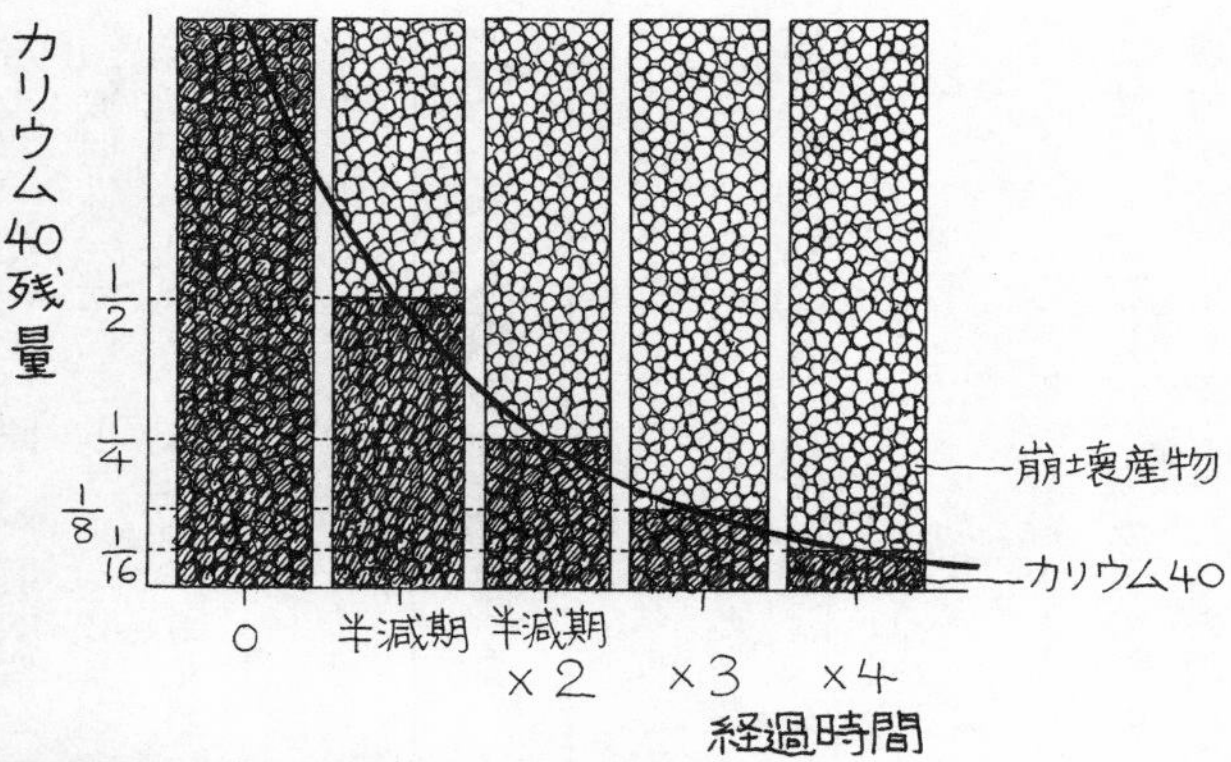

図3-4 **カリウムの蓄積**

なので、いろいろな試料で分析できることも好都合です。

カリウム40とアルゴン40による年代測定（カリウム・アルゴン法）は人類の進化に関して多くの情報を与えてくれました。１９５９年にオルドヴァイ渓谷で見つかったパラントロプス・ボイセイに、１７５万年前という年代を与えたのがこの測定法です。この年代値によって、東アフリカが人類進化の中心地として一気に注目を集めました。また、人類化石が数多く見つかっているケニア北部のクービ・フォラでの研究でも、カリウムとアルゴンによる年代測定は重要な役割を果たしました。ここでは５００ｍ以上の厚さをもつ堆積層が調査されており、その年代は４００万年前から70万年前と広い幅をもっています。とくにＫＢＳ凝灰岩とよばれる堆積の下層からは、保存状態のよいホモ・ハビリスやホモ・ルドルフェンシスの化石が発見されています。また、ＫＢＳ凝灰岩の上層からはホモ・エルガスタとパラントロプス・ボイセイが見つかっており、ＫＢＳ凝灰岩の年代は東アフリカの初期ホモ属の進化を考える上で、まさに鍵となる地層と考えられるようになりました。

ＫＢＳ凝灰岩の年代をめぐる議論

１９７０年にロンドン大学のフィッチたちによって測定されたＫＢＳ凝灰岩の最初の年代は、大きな議論を巻き起こしました。彼らは、火山灰の軽石や長石を分析して２６１万年前という年代値を得ました。この年代が本当ならば、それよりも下層から出土したホモ・ルドルフェンシスはもっと古い年代になるはずです。ＫＢＳ凝灰岩の年代にもとづいてホモ属が誕生したのは２９０万年前ごろだろうと推定され、その年代をもとに初期ホモ属の進化が議論されはじめたのです。しかし、年代の研究が進んでいたオモ川の動物相との対比から、この年代は少し古すぎるのではないかという反論がなされました。

１９７５年にアメリカのカーティスらが、測定する鉱物の分離を工夫して、ＫＢＳ凝灰岩のカリウム・アルゴンを測定したところ、１６０万年前と１８２万年前というふたつの異なった年代が示されました。一方で、岩石に含まれるウラン２３８によって結晶につくられた飛跡を数えることで年代を決定するフィッション・トラック法によって得られた年代は、２４４万年前というフィッチたちの結果を支持する年代を示したのです。1980年になって、カーティスが以前発表したふたつのカリウム・アルゴン年代は、カリウム測定の不備によって不正確な年代が含まれていることが明らかになり、結局すべての結果は180万年前ごろになると訂正されました。さらに、オーストラリアのグループによって、187万年前というフィッション・トラック年代と、189万年前というカリウム・アルゴン年代が相次いで報告されました。さらに、カリウム・アルゴン法を改良して、微量で測定できるようになったアルゴン・アルゴン年代測定でも、188万年前という同じような結果が得られたため、現在ではこの値がKBS凝灰岩層の年代として認められています。

それでは、どうして間違った古い年代が正しいものだと考えられたのでしょうか？　ひとつは、フィッション・トラック法で飛跡の認定やウラン238の崩壊定数などに研究者間の統一がとられていなかったなど、年代測定の方法に未熟な側面があり、先に発表された年代値に引きずられる解釈をしてしまったことがあげられます。さらに、KBS凝灰岩と考えていた試料が、実は異なる火山灰に由来したことも明らかになりました。測定精度の向上だけでは、正確な年代を得ることができないというよい教訓です。その後、アルゴン・アルゴン年代測定では、レーザーを用いて結晶ひとつひとつのアルゴン同位体比を測定する単結晶レーザーフュージョン法が実用化され、より信頼性の高い年代を得ることが可能になりました。しかし、どのような試料が適切かということと、異なる年代測定方法の実際と限界をよく理解した上で総合的なアプローチをすることが年代決定では重要であることを、この論争は教えてくれます。年代測定にかかわる諸科学は、まさに「年代学」というべき複合領域を形成しているのです。

3.4　解剖学的現代人とネアンデルタール人

１９３０年代に、イスラエルのカルメル山にあるスフール洞窟で、中期旧石器という古いタイプの石器をもった現代人（ホモ・サピエンス）の化石が発見されました。ヨーロッパでは、中期旧石器はネアンデルタールが使った道具だと考えられていました。同じイスラエルでも、タブーン洞窟やケバラ洞窟、アムッド洞窟からはネアンデルタールの化石が発掘されましたが、彼らの道具はスフール洞窟の現生人と同じ中期旧石器だったのです。そこでスフール洞窟の化石は、ネアンデルタールから進化した最初の現代人と位置づけられ、同じイスラエルのカフゼー洞窟で見つかった化石とともに「解剖学的現代人」とよばれるようになりました。イスラエルのネアンデルタールの年代は約６万年前、解剖学的現代人は約４万年前のものと推定され、西アジアで独自にネアンデルタールから現代人に進化した証拠だと考えられました。ヨーロッパでも、独自にネアンデルタールから現代人が進化したと考えられており、これはさまざまな地域で現代人が独立に進化したという「多地域進化説」の証拠と考えられたのです。

熱ルミネッセンス法の登場

しかし、新しい年代測定方法による1987年に発表された結果は衝撃的なものでした。フランスの考古学者エレーナ・ヴァラダスと、その父である物理学者ジョルジュ・ヴァラダスが、熱ルミネッセンス法という新しい方法を使ってカフゼー洞窟から出土した石器の年代を測定したところ、10万年前のものという予想外に古い年代を示したのです。もうひとつの解剖学的現代人が見つかっているスフール遺跡の石器も、ほぼ同じ年代が得られました。一方、イスラエルのネアンデルタールのうち、タブーンは12万年前とさらに古い年代を示しましたが、アムッドとケバラのネアンデルタールは6万年前と、現代人よりも若い年代になってしまったのです。もしも解剖学的現代人がネアンデルタールから進化したのであれば、順番が逆転することになってしまいます（図3-5）。

熱ルミネッセンス法は、結晶につけられた放射線によるダメージを数える方法です（図3-6）。鉱物に熱を加えると蛍光を発生することは、古くから知られていました。これは、放射線によって高いエネルギー状態になっていた結晶中の電子が、熱によってもとの安定したエネルギー状態に戻るときに発生する光です。蛍光の量は、高エネルギーになった電子の量に応じて増加

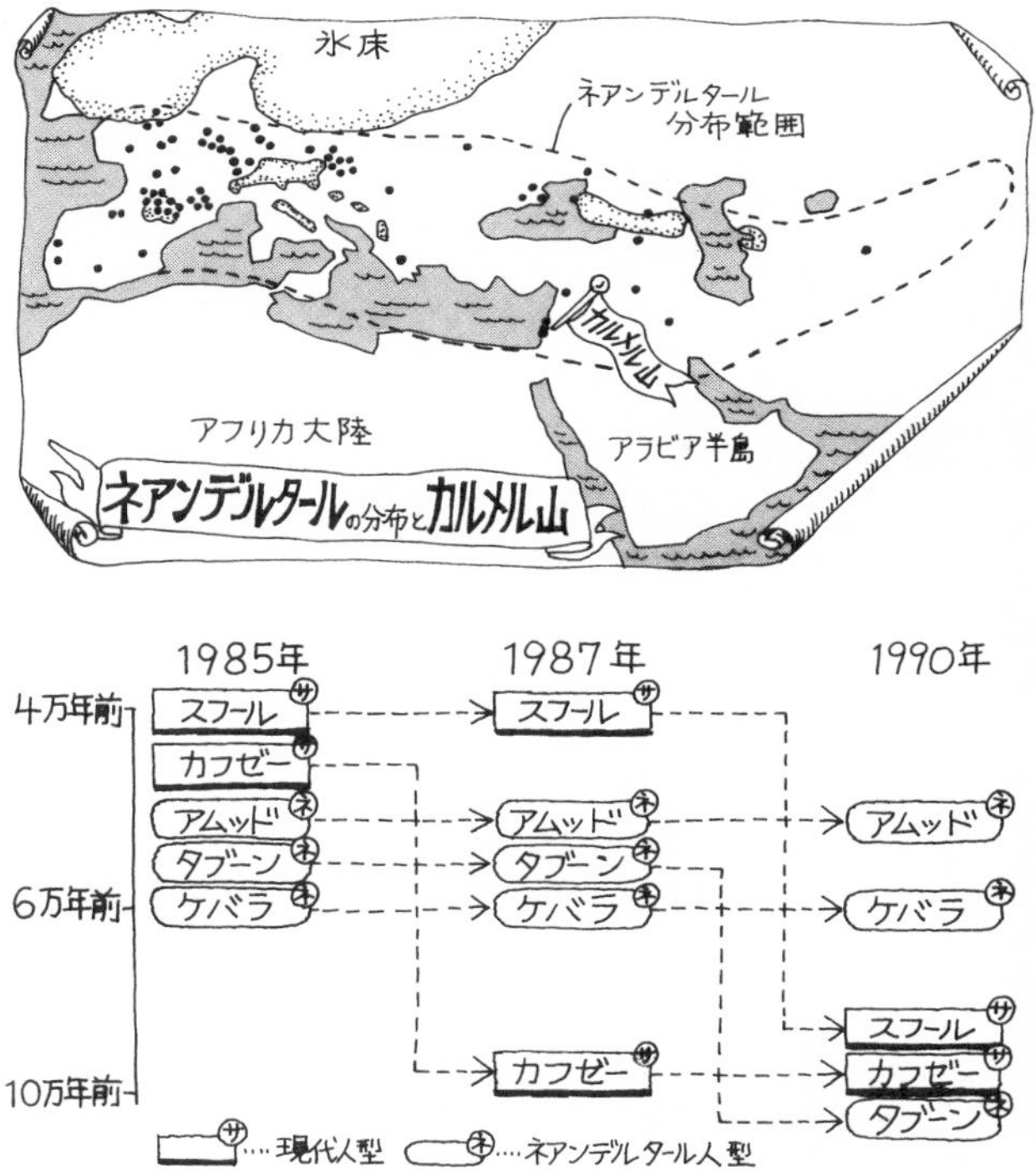

図3-5　ネアンデルタールと解剖学的現代人の年代

します。すなわち長時間にわたって放射線を浴びていた結晶は、より多くの光を放つことになるのです。ある結晶が熱をうけるといったんは高エネルギー状態の電子がなくなります。しかし、時間とともに宇宙や周辺の土壌からやってくる放射線を浴びて、再び高エネルギー状態の電子を蓄積します。加熱された結晶

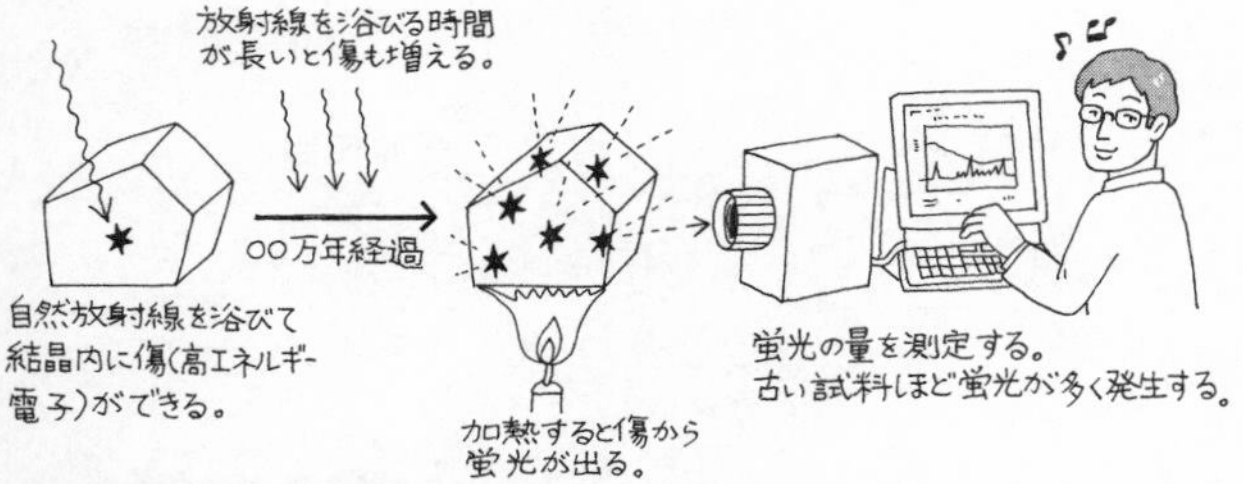
放射線を浴びる時間が長いと傷も増える。
○○万年経過
自然放射線を浴びて結晶内に傷(高エネルギー電子)ができる。
加熱すると傷から蛍光が出る。
蛍光の量を測定する。古い試料ほど蛍光が多く発生する。

図3-6 熱ルミネッセンス法

に含まれている放射線の傷（高エネルギー状態の電子）の量と、遺跡で1年当たりに測定される放射線の量がわかれば、そのふたつを割り算することで、結晶が熱をうけてからの時間が計算できるのです。ヴァラダスたちは、遺跡から出土する石器のうち、火をうけているものに着目しました。

カルメル山から出土する石器の多くは、フリントとよばれる均質で石器づくりに適した石を使ってつくられています。フリントに含まれている石英の結晶を取りだして熱を加えてやると、蛍光を発生します。最初にその量を測定し、あわせて測定装置の中で一定量の放射線を照射した試料から発生する蛍光と比較します。それによって、石器に含まれている石英が浴びていた放射線の量を、最初の蛍光の量から推定することができます。さらに、遺跡の土壌に含まれている放射性元素の量を測定し、石英と同じような人工結晶を遺跡に1年間ほど埋め込んでおいて、宇宙から降り注ぐ宇宙線の影響も測定します。こうして得られた1年間当たりの放射線量で、結晶の熱ルミネッセンスから推定された蓄積線量を割り算してやれば、その結晶が放射線を浴びていた時間を計算できるのです。

解剖学的現代人がネアンデルタールよりも古いという結果は、すぐに受け入れられたわけではありませんでした。熱ルミネッセンス法という新しい測定法は、まだ十分に検証されていないと批判されたのです。しかし、同じころに発明された別の測定方法が、強力な援護射撃をしてくれました。それは電子スピン共鳴法という方法です。英語の名称 Electron Spin Resonance の頭文字をとってＥＳＲ法とよばれることもあります。実は、この方法が測定しているのも、不純物に捕獲された高エネルギーの電子の量です。熱ルミネッセンス法では、加熱によって発生する蛍光を利用して、捕獲された電子の量を測定しましたが、ＥＳＲ法では強力な電磁石を利用してこの電子の量を測定します。方法の原理は同じですが、測定に使用される試料が異なっており、ＥＳＲ法では動物の歯のエナメル質が多く使用されます。熱ルミネッセンス法では焼けた石器を測定するので、まったく異なるふたつの材質で年代測定の結果を比較することができます。イスラエルの中期旧石器の遺跡で両者がほぼ同じ年代を示したことから、ネアンデルタールよりも前に解剖学的現代人が存在したという結果は、受け入れられるようになりました。年代測定の結果が、現代人の起源に関して新しい議論を生みだすきっかけになったのです。

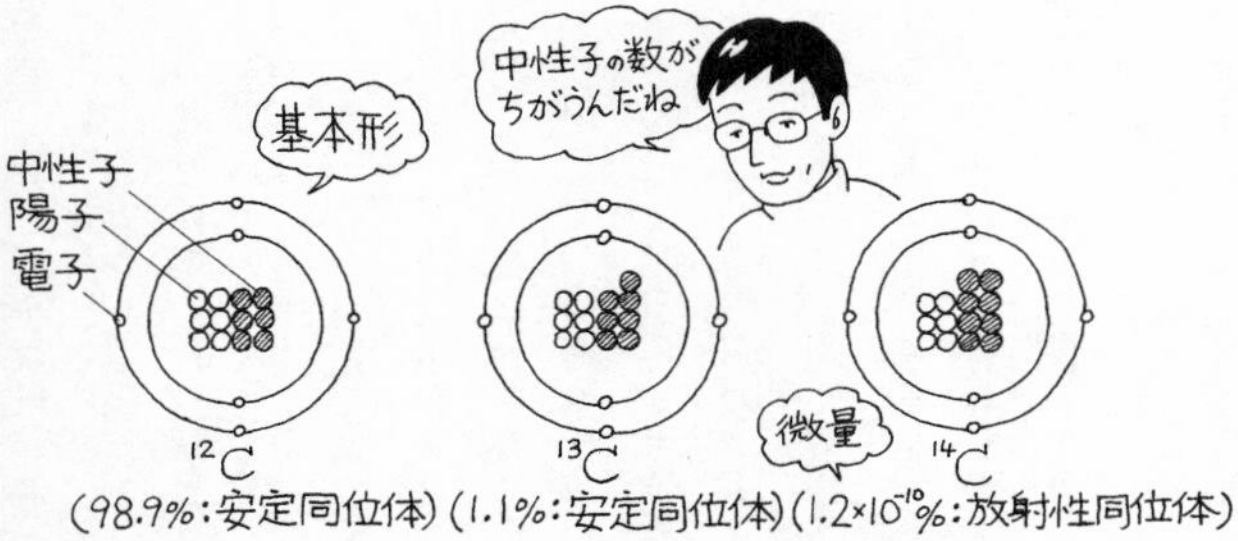

図3-7 同位体

3.5 放射性炭素と加速器質量分析

現代人の年代を調べるときにもうひとつ便利な放射性元素が、放射性炭素（炭素14）です（図3-7）。1940年代後半にシカゴ大学のウィラード・リビーによって発見された放射性炭素は、5730年という半減期をもっています。これを使うとおよそ5万年前までの年代を正確に測ることができます。また、炭素は私たち生物を構成する主要元素であり、動物や植物に含まれていることから、遺跡で見つかる木炭や貝殻、動物の骨などで年代を測ることが可能です。下水処理場のメタンから炭素14を分離したリビーは、その半減期を測定し、すぐに年代測定に使えることに気がつきました。彼はヒエログリフに残された記録から年代がわかっているエジプト王朝の遺物で炭素14を測定し、それが予想される年代とよく一致することを示しました。

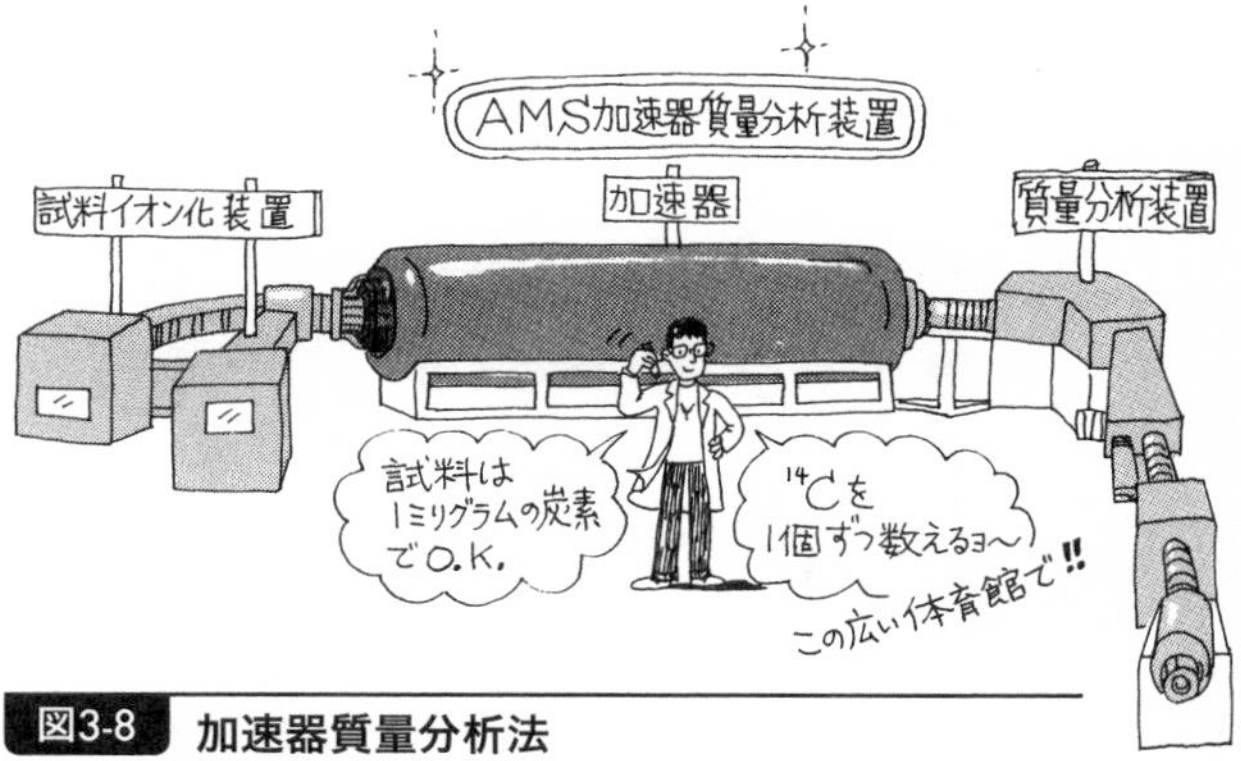
AMS加速器質量分析装置
試料イオン化装置
加速器
質量分析装置
試料は
1ミリグラムの炭素
でO.K.
14Cを
1個ずつ数えるヨ〜
この広い体育館で!!

図3-8　加速器質量分析法

1990年代に、炭素14の応用範囲は格段に広がりました。加速器質量分析法という新しい分析方法が実用化されたからです。炭素14は、現代の炭素でも原子1兆個当たりひとつしかない非常にまれな同位体です。時間とともに減少するので、古い試料ではますます測定が困難になります。リビーが炭素14を発見して以来、多くの場合はそこから発生する放射線（β線）を測定して、時間当たりの放射線量から炭素14の量を計算する方法が行なわれてきました。炭素1gにはおおよそ5×10^{22}個の原子が含まれていますが、そこからβ線がでてくる割合は、1分間でおよそ14回しかありません。炭素1gを用いたとしても、精度のよい測定をするには数日から数週間が必要となるのです。また、貴重な遺物から純粋な炭素を1g集めることは容易ではありません。

しかし、炭素14の数を直接数えることができればどうでしょうか？　炭素14は原子1兆個にひとつしかない珍しい同位体ですが、現在の炭素には1g当たり500億個の炭素14が含まれます。この数を直接数えることができれば、ずっと少量の炭素でも年代を測定することが可能になります。それを実現させたのが加速器質量分析法です（図3-8）。

加速器というのは、イオンを加速するために高電圧を発生させる装置です。炭素の結晶であるグラファイトに変換された分析試料は負の電気を帯びたイオンにされ、数百万ボルトの正の電圧に向かって加速されます。加速器質量分析では、さらに加速器部分でイオンを負から正へと変換させる工夫がしてあるので、反発力によってもう一度加速され、さらに高いエネルギーになります。このように高エネルギーになれば、通常では測定できないひとつひとつの原子でも検出器で測定することが可能です。加速器質量分析では、電磁石を使って質量の異なる炭素12、炭素13、炭素14を分離し、それぞれの数を測定することができるのです。この新しい装置のおかげで、わずか1／1000gの炭素でも、年代が測定できるようになりました。

「トリノの聖骸布」はキリストを包んでいたか？

加速器質量分析法の威力が示されたよい例に、「トリノの聖骸布《せいがいふ》」の年代測定があげられます（図3-9）。イタリアのトリノ大聖堂に保管されている長さ4mになる麻布には、白黒が反転した人物像がぼんやりと写っています。この姿が、磔《はりつけ》からおろされたイエス・キリストの姿に見え

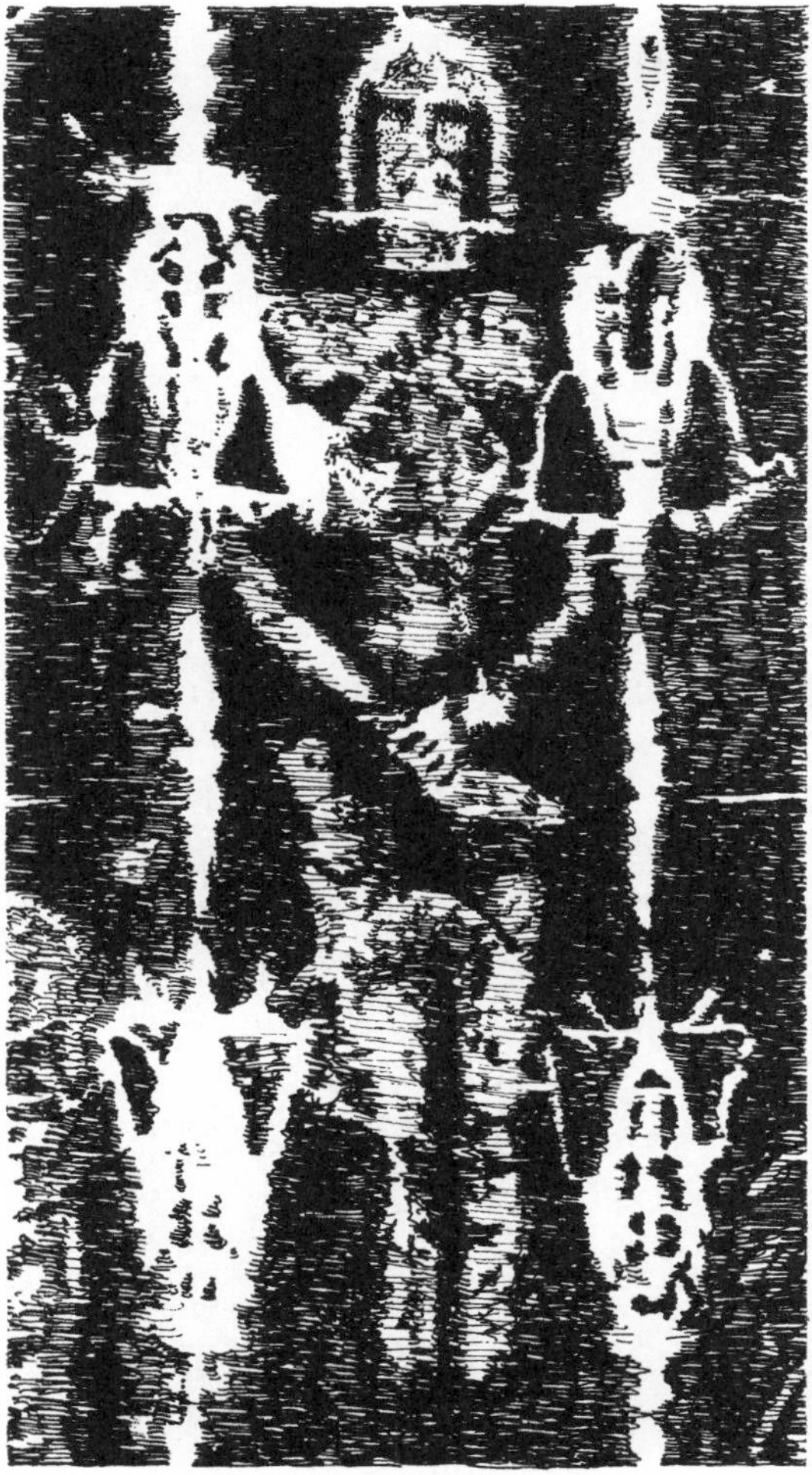

図3-9　トリノの聖骸布反転画像

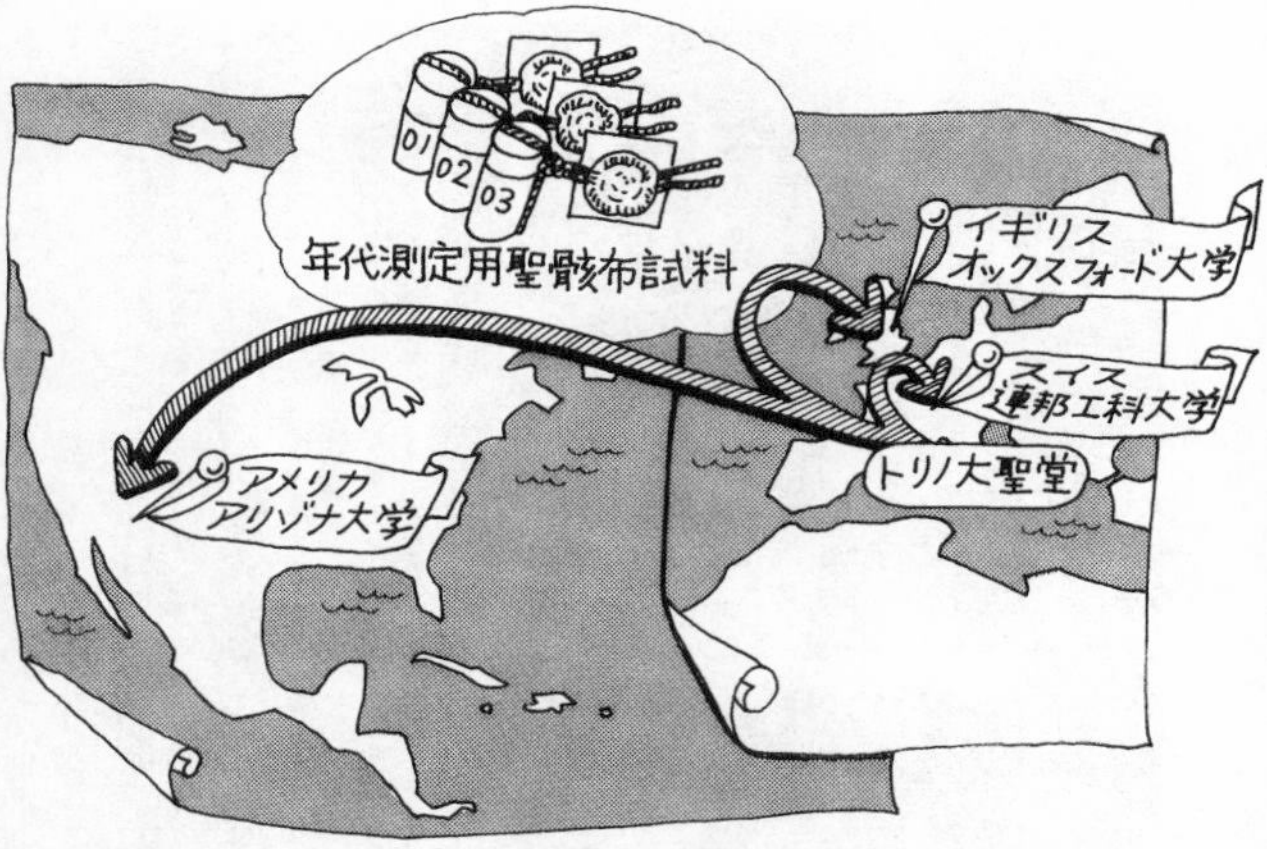

図3-10　トリノの聖骸布は3つの研究室に送られた

ることから、キリストの聖なる遺骸を包んだ布であるといい伝えられてきました。１９８７年にこの麻布から数㎝四方の布が切り取られました。この試料は３つに分けられ、厳重に封印をした上で、イギリスのオックスフォード大学、アメリカのアリゾナ大学、そしてスイスの連邦工科大学という３つの加速器質量分析の研究室に送られました（図３-10）。そしてそれぞれの研究機関で得られた年代測定の結果は、西暦１２６０年から１３９０年のわずか１３０年の幅におさまったのです！　この結果は、歴史上の記録に聖骸布が登場する時期と一致します。もしも本当にキリストを包んだ布ならば、約２０００年前の年代になるはずです。もちろん宗教的な価値がこの年代測定の結果で否定されたわけではありませんし、どのようにして影が反転した像が布に描かれたのかは大きなミステリーです。しかし、新しい年代測定の方法によって、この人物像がキリスト本人であった可能性は低いことが明らかになり、加速器質量分析法の威力が広く知られるようになりました。

3.6 弥生時代が古くなった？

日本の考古学研究でも、弥生時代がはじまった年代について、加速器質量分析で測定された炭素14の年代は大きな役割を果たしています（序章第3節も参照）。弥生時代は、日本列島に大陸から水田稲作農耕が持ち込まれた時代です。それまでの縄文時代の人々は採集や漁撈《ぎょろう》、狩猟などによって自然環境から食料を得ていました。農耕の開始は、自然環境を人間が管理して食料を生産するという点や、長い期間保管できる穀物を貯蔵することによって、複雑な社会が生まれる背景となる点で、人類の歴史でも重要な画期と考えられています。また、日本列島に暮らした人々の骨を調べてみると、弥生時代にそれまでとは違った平坦で顔面の長い顔（専門的には高顔といいます）に変化したことがわかります。弥生時代の文化と一緒に、大陸から多くの人が日本列島に渡来してきた可能性を考える必要があります（図3-11）。

弥生時代には、新たに金属器も使われるようになります。中国でつくられた鏡や剣も持ち込ま

図3-11 弥生人の暮らし

れており、中には鋳造された年が刻まれたものがありました。その年代にもとづいて、弥生時代のはじまりはおおよそ2400年〜2500年前と考えられていたのです。しかし2000年から、国立歴史民俗博物館の研究チームが土器に付着したオコゲの炭素14年代を測定しはじめました。その結果には、従来考えられていたよりも古い年代を示すものが含まれていたのです。

炭素14は、大気の上層で宇宙から降り注ぐ放射線と、大気中の窒素が反応してつくられます。そのため、放射壊変によってどんどん壊れていっても一定の割合で存在するのです。私たち生物の骨格をなす有機物は、もとをたどると植物の光合成によって大気中の二酸化炭素から固定された炭素です。生きているあいだは常に炭素を取り込んでいるので、体内の炭素14の濃度は大気と同じだと考えられます。し

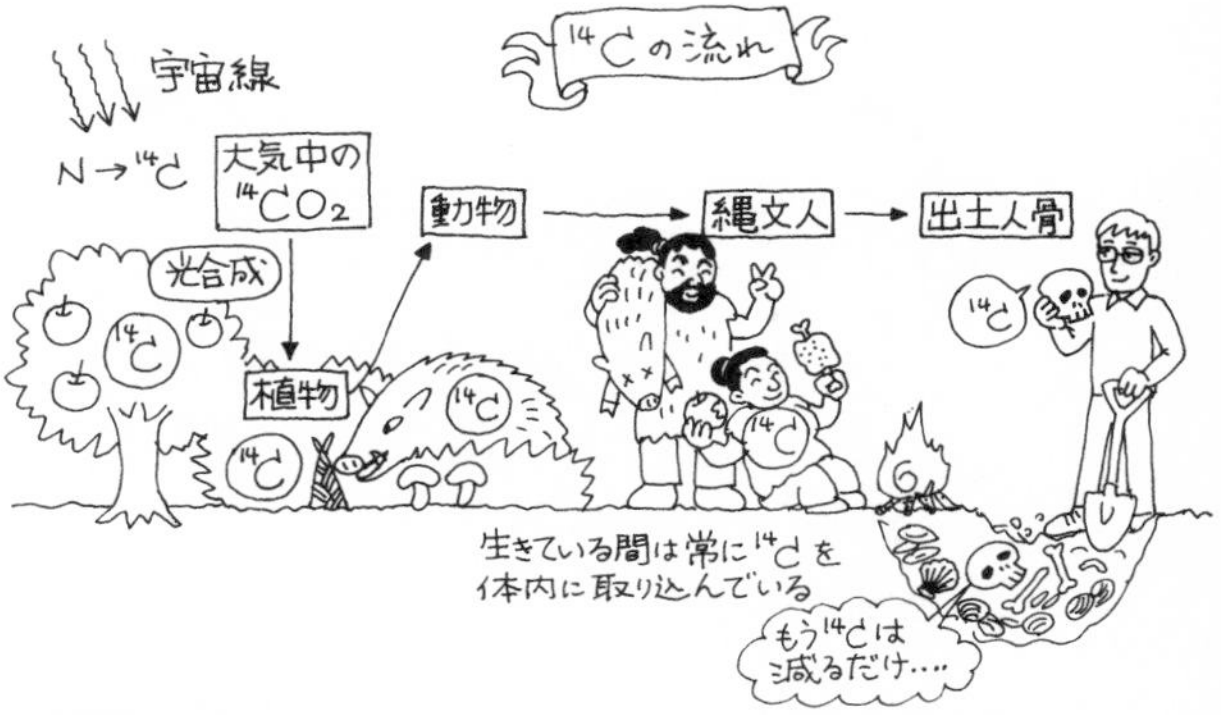

図3-12　宇宙線による放射性炭素の生成と炭素循環、および年輪、弥生時代の農耕民

かし、生物が死亡して炭素の出入りがなくなると炭素14の供給もなくなるため、半減期にしたがって減少するようになります。そのため、大気中の二酸化炭素に含まれている炭素14の割合からどのくらい減少したかを調べることで年代を測定しています。つまり、炭素14年代の計算では、大気中の炭素14がどの時代でも一定であると仮定しているのです（図3-12）。

しかし、大気中に含まれている炭素14は常に一定なのでしょうか？　答えはノーです。これは、年輪に含まれている炭素14の濃度を調べることで明らかになりました。年輪は、季節による日射量や気温などの変化によって植物が1年に1回つくる目印です。その幅は、その年の気象条件によって変化することが知られています。年輪には偽物もあるので注意しながら調べると、特定の樹木では共通の年輪の

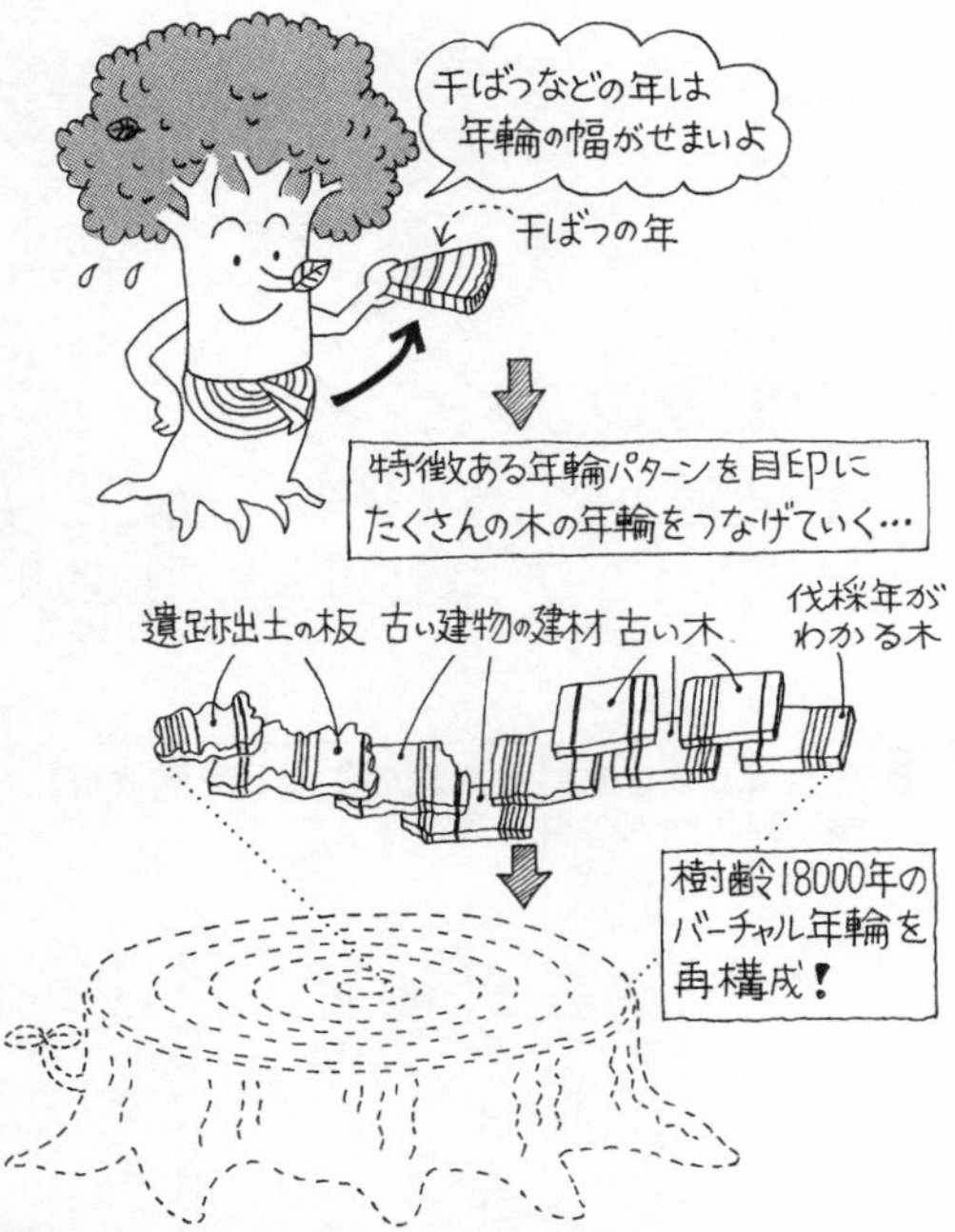
干ばつなどの年は
年輪の幅がせまいよ
干ばつの年
特徴ある年輪パターンを目印に
たくさんの木の年輪をつなげていく…
遺跡出土の板
古い建物の建材
古い木
伐採年がわかる木
樹齢18000年の
バーチャル年輪を
再構成！

図3-13 年輪年代法

変動パターンがあることがわかってきました。この変動パターンをいくつも組み合わせていくと、1本の樹木ではたどれないような古い年代にまでさかのぼって、年輪の変動パターンを調べることが可能です。年輪を読み取ることができる柱などが遺跡から見つかった場合には、この年輪幅の変動パターンを利用して、年代を決定することができます。これは年輪年代法とよばれる年代決定法です（図3-13）。現在では、日本では3000年程度、欧米では2万年近くまでもさかのぼる年輪幅のデータが蓄積されています。さらに、最近では年輪の含まれる酸素の同位体の割合を指標とする新しい年輪年代法が考案され、より正確な年代がわかるようになってきています。

大気中の炭素14の変化を調べるために、年輪年代法によって年代が確定した木材が使用されました。その結果、予想されたよりも大きなずれがあることが明らかになりました。炭素14年代で5000年前と計算された試料が実際には5720年前のもの、炭素14年代で1万年前とされたものは実際には1万1500年前ごろのものだったのです。

なぜ炭素14の濃度が変化するのか

このずれの原因はいくつかあります。第一に炭素14年代を計算するとき、5568年というリビーが決定した古い推定値を使用していることがあげられます。その後の研究で、5730年がより正確な半減期であることがわかっています、しかし、それまでに測定された年代との矛盾を避けるため、あえて不正確なリビーの半減期をそのまま用いることが国際的に約束されました。

もうひとつの原因は、太陽活動の変化です。炭素14を生成する宇宙線は、はるかかなたの銀河からやってくるものですが、太陽の活動の変化によって、大気に到達する宇宙線の強さに変化が生じます。太陽活動の変化で、つくられる炭素14の量が変化するのです。また、宇宙線のシールドの役割をしている地球の磁場の変化も、炭素14の生成量に影響すると考えられます。これらの影響を反映して、大気中の炭素14濃度には予想のつかない変化が生じていたのです。

大気中の炭素14濃度の変動を考慮して、より正確な年代を見積もることを年代較正《こうせい》（キャリブレーション）とよんでいます。弥生時代の開始年代の見直しは、炭素14年代の較正に関するデータが蓄積されたことによって、銅剣や銅鏡に刻まれた元号との対比が可能になった成果だということができます。この成果を「遅れてきた炭素14革命」とよぶ人もいます。ヨーロッパでは、リビーによって炭素14による年代測定が発明されてすぐに、農耕と牧畜をもった新石器文化が西アジアから拡散した様子が明らかにされ、年代測定の力が高く評価されました。この衝撃は「炭素14革命」とまで評されたのですが、日本ではそれまでの4000年程度という縄文時代の年代観と、横須賀市の夏島《なつしま》貝塚の貝殻で測定された1万年という炭素14年代値の不一致が、否定的に受け止められてしまった歴史がありました。21世紀になり、新しい測定方法と年代較正の開発により、ようやく炭素14年代の威力が日本の考古学にも及ぼうとしています。

3.7 人類進化の研究と年代学

欧米では、年代学と人類進化の研究は切っても切れない関係にあると考えられています。その

図3-14　ピルトダウン人の偽化石事件

きっかけのひとつは、１９１２年にイギリスで見つかったピルトダウン人の偽化石事件にあるのかもしれません（図３-14）。この化石は、現代人並みに脳が発達しているにもかかわらず、類人猿のような下顎をもつ標本です。最初に大脳が発達することで人類の進化がはじまったとする当時の考えと一致するものだとして、非常に注目を集めました。しかし、１９４０年代に大英博物館のオークリーらが行なった調査によって、この化石が古代人の頭骨とオランウータンの下顎骨を巧みに組み合わせた偽物だということが明らかになりました。いかにも化石化したように風化を施したり重量を加工していたため、この捏造《ねつぞう》は長らく見破られませんでしたが、偽物であるという決定的な証拠になったのが、骨に浸透したフッ素の量にもとづく年代測定の結果だったのです。骨を構成するハイドロキシアパタイトの結晶とフッ素は非常に強く結合するため、化石骨には地下水などに含まれるフッ素がだんだんと蓄積します。同じ堆積物に埋没していた化石では、古い骨ほど多くのフッ素を含有していることを利用して、この頭骨はずっと新しいものであること（わずか1500年前）が示されたのです。

この研究によって、ピルトダウン人は人類進化の系統からはずされて、それまであまり注目されてこなかったアフリカの猿人こそ、私たち人類の祖先だと認められるようになりました。脳の大きさは類人猿並みしかありませんが、しっかりと二足歩行をしていた猿人が人類の一員に加わるにあたって、年代測定が大いに活躍したのです。人類進化の研究は、人類が歩んできた歴史を調べる研究です。時間的な順番が正確にならないと、正確な歴史を描くことはできません。また、どのような環境の変動が人類進化の背景となっているかを理解するためにも、正確な年代は欠かせません。これからも、新しい年代測定法の開発と応用が、より正確に人類進化を理解するために必要不可欠であることはいうまでもありません。

第4章 過去の環境変動を探る

4.1 人類の時代：第四紀

化石の証拠から、直立する霊長類すなわち人類が登場したのは、７００万年前ころのアフリカでのできごとと考えられています。今日のように、私たちホモ・サピエンスが地球上のさまざまな環境に拡散し、適応するようになったことには、地球規模の環境変動という要素が深くかかわっていました。それでは、なぜ環境は変化するのでしょうか？　その様子は、どのように調べることができるのでしょうか？　そして、その変化はどのように私たちの祖先に影響を与えたのでしょうか？

恐竜が暮らしていた中生代は、地球は今よりももっと暖かかったと考えられています。高緯度地方では15℃も平均気温が高く、南極や北極にも今日のような大きな氷河は存在しませんでした。しかし恐竜絶滅後の6000万年前ころから、少しずつ地球の温度は低下しはじめます。恐竜が絶滅した時期を境に、中生代から新生代という時代に変化します。新生代は、第三紀（6600万年～258万年前）と第四紀（258万年前～現在）という地質年代に分けられています。第四紀はホモ属が大きく進化した地質時代だったといえます。

新生代は寒冷化と乾燥化の時代

新生代には、中生代にはじまった巨大大陸パンゲアの分裂が進みました。この地球内部の動きによって引き起こされた大陸移動の結果、南極に大陸ができて海流が変化した影響で、南極は冷たい海水に取り囲まれてしまいました。その結果、南極に氷が集中して、ますます寒冷化が進んだと考えられています。4000万年前ころには南極に氷床とよばれる大きな氷河が発達しはじめ、3000万年前には南極点の周りは氷床で覆われてしまいました。3400万年前ころにオーストラリアと南極が完全に分かれると周南極海流が形成され、それまで熱帯地方にまで北上していた海流が南極を取り囲むかたちで熱循環から分離してしまい、ますます氷床が大きくなったと考えられています。南極の寒冷化の歴史は、深海の堆積物に含まれる岩屑《がんせつ》によって知ることができます。寒冷化によって氷床が流れでてできた氷山が沖合まで岩屑を運ぶようになったのです。

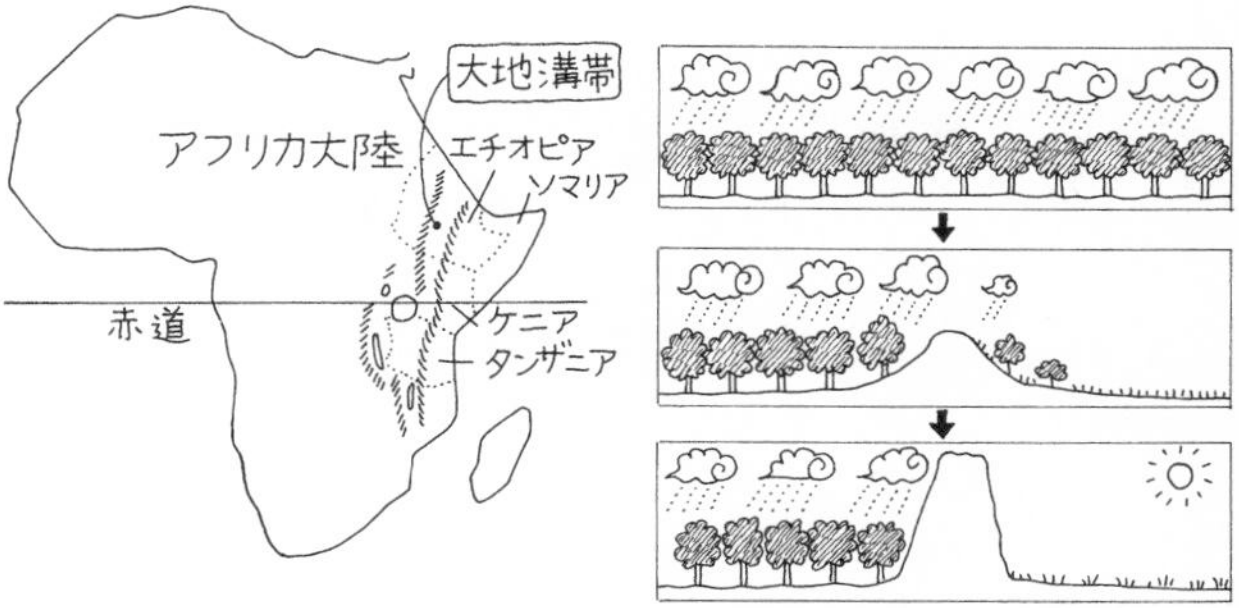

図4-1　大地溝帯形成による東アフリカの乾燥化

一方、北半球では４５００万年前ころにインド亜大陸がユーラシア大陸と衝突して、ヒマラヤ山脈やチベット高原が形成されたため、大気や海水の循環が大きく変化し、地球規模の環境変動を引き起こしました。さらに、１０００万年前ころには、ヒマラヤとチベットの隆起にともなう岩石の風化によって、海洋に溶け込んだ大量のカルシウムが大気の二酸化炭素を炭酸カルシウムに固定したため、大気中の二酸化炭素濃度が低下したことも気温の低下に拍車をかけたとされます。このように、さまざまな要因が関係した結果、新生代は一貫して寒冷化と乾燥化の道をたどってきたということができます。

最初の二足歩行者は森から現われた？

東アフリカでは、１５００万年前ころからマントルの対流の影響で、大地溝帯とよばれる南北にはしる山脈が形成されはじめました（図４-１）。この山脈によって西側の大

図4-2 最初の二足歩行者

西洋から運ばれる水蒸気が東海岸まで届かなくなり、東アフリカでは気候が乾燥しはじめたと考えられています。1974年に発見された猿人、アウストラロピテクス・アファレンシス（通称「ルーシー」）は320万年前ごろの地層から見つかり、当時知られていた一番古い人類の化石でした。この猿人の化石は、サバンナにすむ動物の骨とともに見つかったので、森林から開けた草原に適応する過程で、初期の人類は二足歩行をはじめたと想像されました（第6章を参照）。しかし最近の発見では、チャドやエチオピア、ケニアから700万年〜400万年前ごろの古い猿人化石が見つかってきました。これらの二足歩行者は、草原ではなく森林にすむ動物とともに見つかることが多いので、人類の最大の特徴である二足歩行は、どうやら森林にすむ類人猿によってはじめられたと考えたほうがよさそうです（図4-2）。しかし、乾燥化の進む開けた環境に適応した類人猿は初期人類だけであり、熱帯雨林にすむ他の大型類人猿と大きく異なる特徴であるため、二足歩行の発達と乾燥したサバンナ環境は深く関係しているといえます。

一方、乾燥化によって出現したサバンナに完全に適応したのは、二足歩行によって長距離の移動ができるようになったホモ・エレクトス（ホモ・エルガスタ）からであるという考えもあります。エチオピアのオモ川から出土する動物の骨は、乾燥に適応したものが増加する傾向をはっきりと示しています。ケニアのナリオコトメで発見された少年の原人化石「トゥルカナ・ボーイ」は、現在のサバンナに暮らしている人々のように手足が長く、温暖な気候に適応した体つきをしています（図7-4を参照）。しかし２００５年に発表された古代の湖に関する研究では、３００万年〜１００万年前にかけての時期に、東アフリカでは3回の湿潤期があったことが示されています。この発見は、乾燥化にともなってホモ・エレクトスが二足歩行を発達させたという従来のシナリオが少し単純すぎることを示唆しています。この時期には、ホモ属の祖先を含めて非常に多くの種類の猿人が現われては消えていきました。この急速な人類の進化は、乾燥期と湿潤期の急激な気候変動によって後押しされたのかもしれません。

4.2　氷期・間氷期のサイクル：太陽の恩恵

そして、２５８万年前ころからの地球の温度に、ある一定のパターンが明らかになってきました。温度が下がって高緯度地方が広範囲に氷床で覆われる氷期と、比較的暖かい間氷期が規則的にくり返して現われるようになったのです。氷期は約10万年続き、そのうちでもっとも寒い時期が2万年ほど続いた後、急激に温暖化し間氷期が約1万年続くというのが過去100万年間の基本的なサイクルです。約1万年前に最後の氷期が終わり、現在はそれに続く間氷期に相当する時期にあたります。そろそろ氷期がやってくるのではないかと考える研究者も少なくありません。

地軸の傾きが氷期と間氷期をもたらす

この氷期と間氷期が定期的にくり返すパターンは、どのようにして起こっているのでしょうか？　セルビアの数学者であり天文学者でもあったミリューシャン・ミランコヴィッチは、太陽からうける熱エネルギーのわずかな変化が原因ではないかと考えました。コンピュータが発明されるはるか以前の1910年〜1920年ころに、ミランコヴィッチは太陽や月と複雑に絡み合った地球の軌道に関して膨大な計算をやってのけました（図4-3）。

太陽系の第3惑星である地球は、ほぼ1日に1回自転をしながら、太陽の周りをおよそ1年で公転しています。地球は自転する方向と同じ方向に公転しているので、地球が360度回転（自転）するためにかかる時間は、正確にいうと23時間56分程度になります。地球は、北極と南極を結んだ軸を中心に回転しており、この軸を地軸とよびます。この地軸は、太陽の周りを公転して

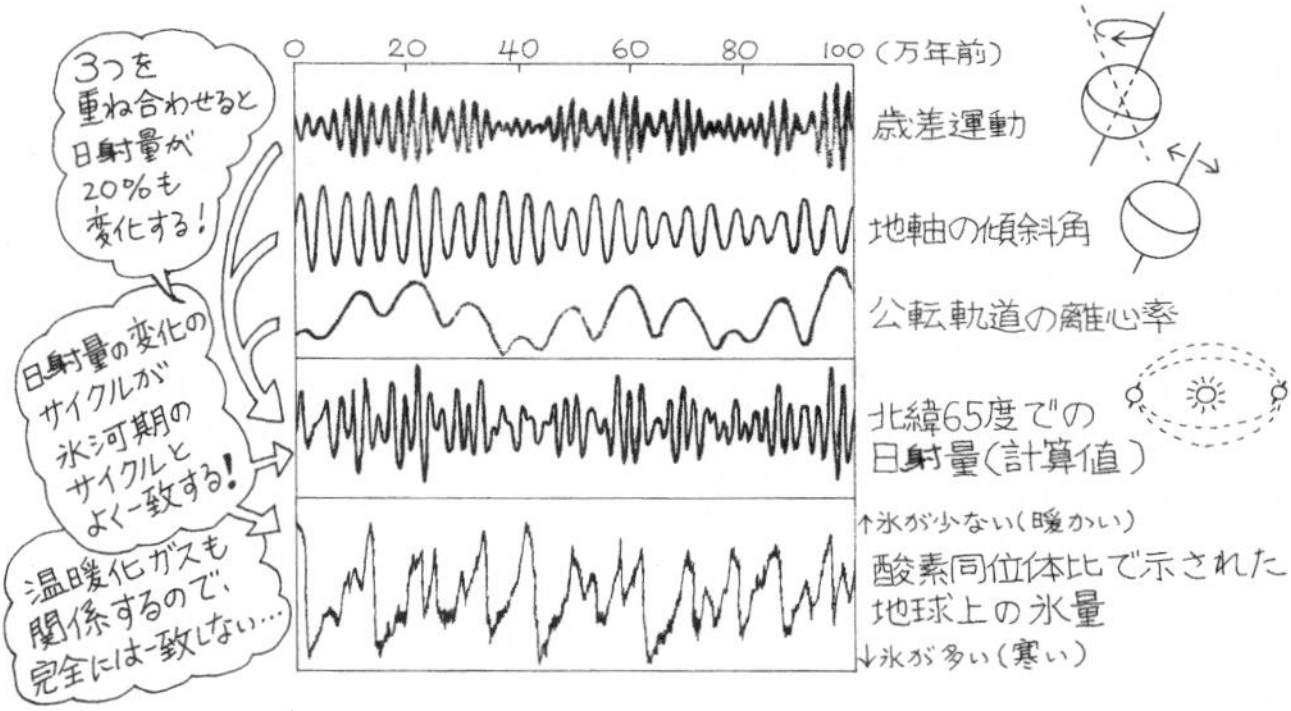

図4-3　ミランコヴィッチ・サイクル

いる面に対して、23・4度の傾きをもっています。太陽光線に対する角度が変化するため、面積当たりの太陽光のエネルギーが増減することが、季節を生みだす原因のひとつです。

　この地軸は、倒れかけたコマと同じように首を振っています。専門用語では、これを歳差《さいさ》運動とよび、およそ2万6000年に1回の割合で首を振っています。現在は、日照時間が一番短い冬至に、公転の楕円軌道上で太陽にもっとも近い位置に地球はありますが、1万年もたてば夏至にもっとも太陽に近づくため、北半球ではさらに夏が暑くなることになります。

　この地軸の傾きの大きさも一定ではありません。現在は23・4度の傾きですが、だんだん小さな傾きに変化しています。傾きの大きさは22度から24・5度のあいだで変化しており、その周期はおよそ4万1000年です。太陽の公転軌道の形も、細長い楕円と円に近い軌道のあいだで変化しています。これを公転軌道の離心率の変化とよび、41万年と10万年のふたつの周期が組み合わされた形の周期をもっています。

これらの地軸の傾きや太陽との距離との関係から、ミランコヴィッチは地球の北緯65度での日射量の長期的な変化を計算しました。その結果、3つの要因が重なると、最大で20％も夏の日射量が変化することが示されました。しかし、彼の考えが正しかったことが示されたのは、彼の死後20年近くたった後でした。1976年に発表されたインド洋の海洋堆積物の分析から、50万年にわたる過去の気候変動が明らかになり、彼の計算の正しさが実証されました。

最近の研究では、地球軌道による日射量の変化だけではなく、太陽活動そのものの変化も地球環境に影響し、人間の活動にも影響することが明らかになってきました。たとえば、14世紀後半〜19世紀にかけての時期は小氷期とよばれ、地球の平均気温が若干低かったと考えられています（図4-4）。この時期には、アルプスの山岳氷河がふもとにまで拡大し、農作物の不作による飢《き》饉《きん》がしばしば起こったとされています。また、この時期は太陽活動の指標となる黒点がまったく観察されなかったマウンダー極小期（1645年〜1715年）が知られており、太陽活動が弱まったことと小氷期には関係があるのではないかという意見もあります（図4-5）。

図4-4　ブリューゲルによる小氷期のイメージ（16世紀のフランドル地方、「雪中の狩人」、1565年）

遠景に氷河、凍った池？でスケートをする人たちが描かれている。

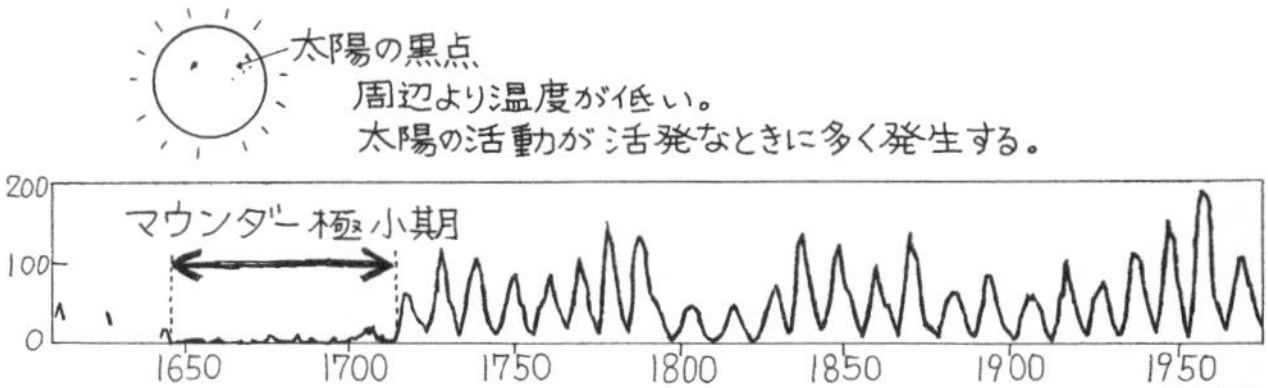

図4-5　太陽黒点数変動

4.3 氷河時代という革命的なアイデア

今日では日常会話でも用いられるほど有名になった氷河期という言葉が広く知られるようになったのは、実はそれほど昔のことではありません。19世紀中ごろに、アルプスの険しい山谷が氷河によって削られてできたということに、スイス出身のアメリカの古生物学者ルイ・アガシたちが気づきました。しかし、当時は聖書の教えを忠実に信じる人々が多く、山も谷も聖書の創世記に記述されたように、神によってつくられたと固く信じられていたのです。近代的な地質学が研究されるようになり、地球には失われた地形が存在し、聖書で考えられていたよりもずっと長い歴史があるということが明らかになってきました。しかし、19世紀中ごろにおける地形の変化に関する常識は、当時の科学界の重鎮キュヴィエの説が支持されており、聖書に記述された「ノアの箱舟」で有名な大洪水などの天変地異によって地形はつくられたと考えられていたのです。

ヨーロッパ全体が厚い氷に覆われていた氷河期があったという新しい考えは、グリーンランドの氷床の存在を知らず、北極でさえも凍らない海域があると信じていた19世紀の人々にとっては、到底受け入れられないものでした。しかし、北極海を探検したエリシャ・ケント・ケーンは、グリーンランドが厚い氷で覆われていることを報告し、ヨーロッパの平原で見られる巨大な漂石が氷河で運ばれたことを証明しました。これによって人々は、この地球上に想像を絶する氷の塊が存在した可能性を真剣に考えるようになりました。1年半にわたってグリーンランドに閉じ込められた末、なんとかアメリカに戻った探険家ケーンの探検記は大変な評判をよび、彼の名前は月のクレータのひとつとして残されています。

第四紀の氷期・間氷期サイクルの氷期は、広義の氷河時代（氷河期）の一部になります。実は、「氷河時代」を厳密に定義すると、地球上に氷床が存在した時期となるので、現在を含む第四紀は氷河時代にあたります。しかし、この氷河時代のなかにも暖かい時期と寒い時期のサイクルがあり、暖かい時期を間氷期、寒い時期を氷期とよびます。現在は、比較的暖かい間氷期にあたります。一般には、この氷期のことを氷河期とよぶことが多いので、この節の前半では氷河期という用語を用いましたが、正確には氷期のことを指しています。

氷期には、スカンジナビア半島からイギリスにかけてのヨーロッパや北アメリカ大陸は、２０００ｍから３０００ｍという非常に分厚い氷に覆われていたと考えられています。その面影は、現在でもスカンジナビアのフィヨルドや、ニューヨークのセントラルパークに見られるまっ平らに削られた岩に見てとることができます。アルプスで氷河の消長を研究したアルブレヒト・ペンクとエドゥアルト・ブリュックナーは、少なくとも過去に4回の氷期があったことを発見し、それぞれ渓谷の名前にちなんでギュンツ氷期（47万年～33万年前）、ミンデル氷期（30万年～23万年前)、リス氷期(18万年~13万年前)、ヴュルム氷期(7万年~1万年前)とよばれています。北アメリカでも、ネブラスカ、カンザス、イリノイ、ウィスコンシンの4つの氷期が認められました。さらに熱帯地域でも、それらに対応するように4回の多雨期があったと考えられ、アルプスでつくられた4段階モデルは、氷期を研究するうえで基本的な考えとなりました。

4.4 酸素同位体による新しい指標

しかし、最近の研究では第四紀のあいだに十数回の氷期と間氷期のくり返しがあったことが明らかになったため、今日ではこれらの名称が使われることはあまりありません。氷期と間氷期に関する新しい研究は、それまでの山岳の研究ではなく海底の研究からもたらされました。1970年代後半に、海底堆積物のコア(柱状サンプル)に含まれているプランクトン(有孔虫)に過去の気候変動が記録されていることが明らかになったのです(図4-6)。有孔虫の殻は炭酸カルシウムでつくられており、それには酸素が含まれています。有孔虫の殻に含まれる酸素を質量分析計という装置で調べると、少しだけ重さの違う酸素が少量含まれていることがわかります。その重たい酸素は、他のものと比べても酸素としての性質はまったく同じですが、原子核に含まれる中性子の数が10個である点だけが、他の原子と異なるのです。酸素の大部分の原子には、中性

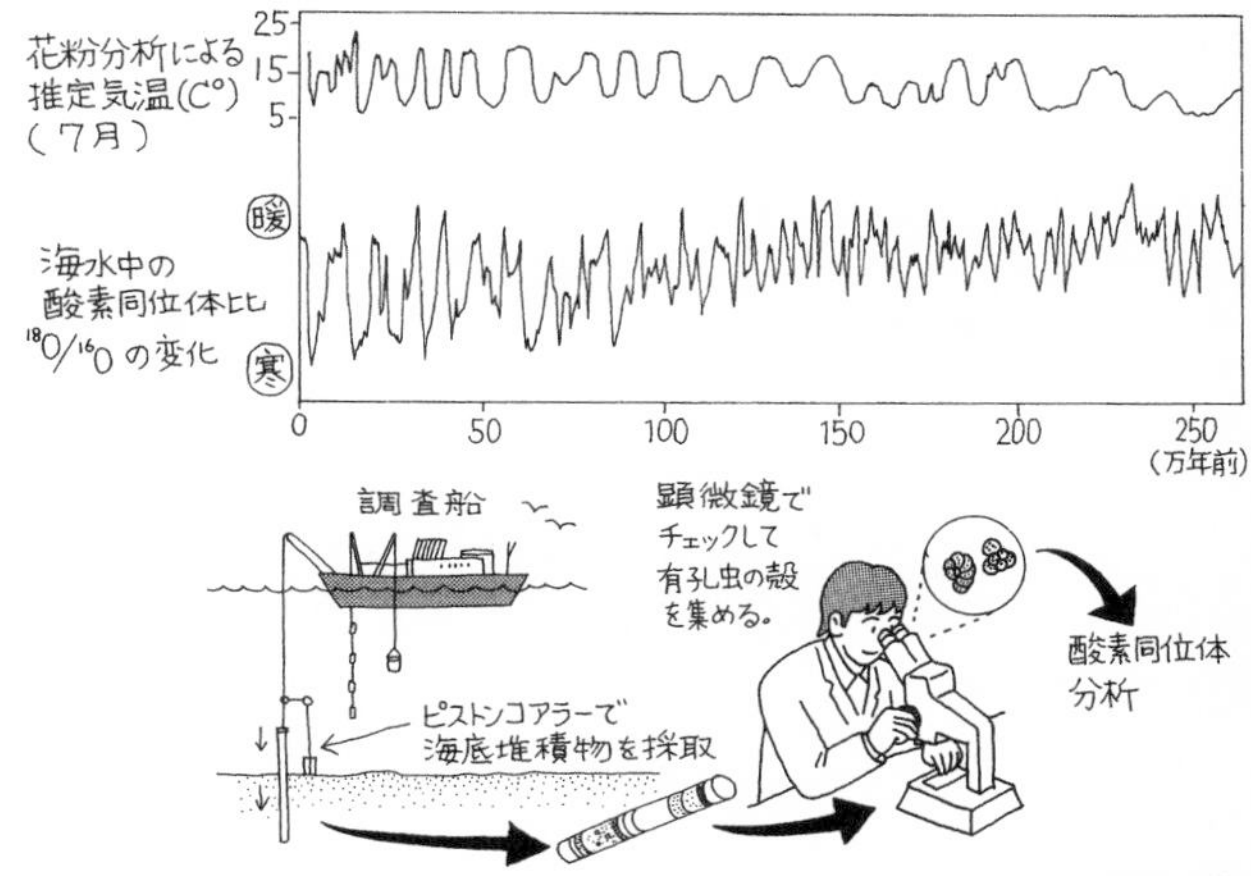

図4-6 有孔虫殻

子が8個しか含まれません。このような重さの異なる原子のことを同位体とよびます（第3章参照）。海底の堆積物に含まれている有孔虫の殻で酸素の同位体の割合を調べてみると、のこぎりの歯のようにするどいギザギザを描くことがわかりました。どうやら、酸素同位体の割合は、過去の気候変動を反映しているようです。その研究をもう少し詳しく見てみましょう。

海洋堆積物から気候変動を探る

同位体を使って過去の気候変動を最初に研究したのは、シカゴ大学のハロルド・ユーレーと教え子のチェザーレ・エミリアニです。ハロルド・ユーレーは水素の同位体を発見して、1934年にノーベル賞を受賞しています。彼らは、酸素の同位体の割合がさまざまな反応でど

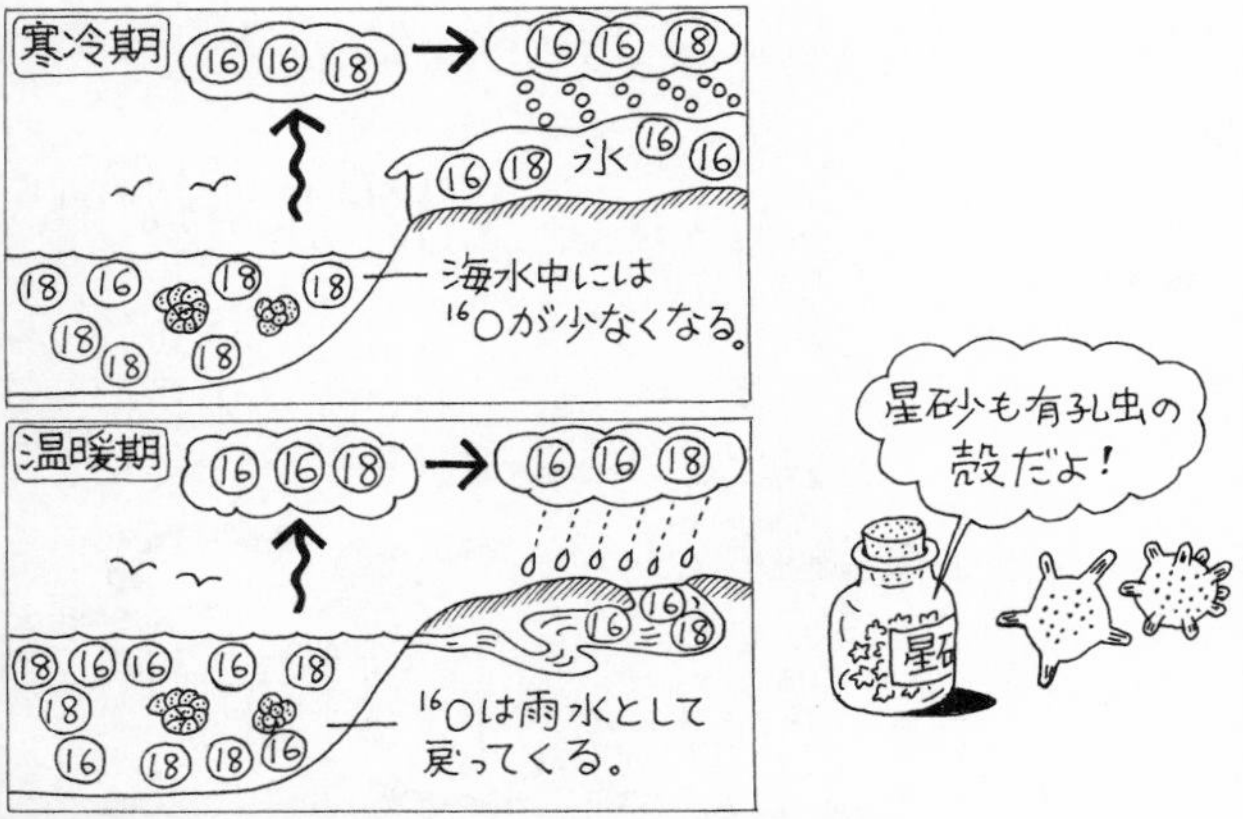

図4-7　酸素同位体比の変動パターン

のように変化するかを調べました。とくに水溶液から炭酸カルシウムが沈殿するときの過程を詳しく調べ、炭酸カルシウムの酸素同位体比と水温との関係を明らかにしました。地質年代をさかのぼって炭酸塩の酸素同位体を調べれば、過去の海水温を復元できると考えたのです。2006年に亡くなったイギリス・ケンブリッジ大学のニコラス・シャックルトンは酸素同位体の測定方法を改良し、熱帯太平洋から得られた海洋堆積物を用いて、有孔虫の酸素同位体を詳しく測定しました。その結果、過去200万年の気候変動の中に、約10万年、4万年、2万1000年の3つの周期が認められたのです。ミランコヴィッチが予想した気候変動のパターンが、海底堆積物に記録されていることが明らかになりました。

さらにシャックルトンは、酸素同位体の変動が温度による直接的な影響ではなく、地球上に存在する氷の量を反映していることに気がつきました。重たい酸素を含む水は、軽い酸素を含む水よりも蒸発するのに時間がかかります。また、雲の水蒸気から雨となって落ちる水には軽い酸素がたくさん含まれます。そのため、大陸内部で大量の氷が蓄積する氷期には、軽い酸素の同位体が大陸内部で固定され、海水には重たい同位体がたくさん残されることになります（図４-７）。海底の堆積物に残されていた有孔虫の殻には、地球全体の氷の量が記録されており、直接的な氷期の指標となることが明らかになりました。そこで、海洋堆積物における酸素同位体比の変動をもとに、比較的暖かかった間氷期に奇数番号を、比較的寒かった氷期には偶数番号を与えるというルールが定められ、現在では古環境を議論するうえでの基本となる目盛りになっています。海洋酸素同位体ステージ（ＭＩＳ）とよばれるこの番号は、現在、鮮新世末期まで１００を超える番号が与えられており、２６０万年にわたる時間スケールになっているのです。

4.5　さまざまな古環境の記録

太平洋から得られた酸素同位体の変動は、その後世界中の海洋でも同じパターンを示していることが明らかになりました。さらに、１９９０年代後半にグリーンランドや南極の氷からも同じ

グリーンランドの氷の中には、
昔の地球に関する 情報が眠っている。
グリーンランド
巨大大陸パンゲアが分かれて移動し、
今の大陸になった。
アジア
北米
ヨーロッパ
南米
アフリカ
インド
オーストラリア
南極
ウェゲナー

図4-8 ウェゲナーの考え

パターンの気候変動が見いだされました。たとえばグリーンランドには、最高3000mを超える氷が堆積していますが、氷床の氷には年輪が刻まれており、その氷に閉じ込められた気泡を分析することで、過去の気候変動を復元する方法が開発されたのです。かつて氷河の消長は高緯度地方など局地的にしか影響しないと考えられましたが、これが地球規模での気候変動に影響していたことが示されたのです。

グリーンランドの氷を最初に研究したのは、アルフレート・ウェゲナーが率いるドイツの調査隊で、1930年のことでした。ウェゲナーは、地球環境に大きな変動をもたらした大陸移動説を唱えたことで有名です（図4-8）。大陸移動説が正しいと認められたのは、彼の死後20年以上たってからでしたが、グリーンランドの氷がその真価を認められるにも、60年以上の時間が必要でした。ウェゲナーは1930年のグリーンランド調査で遭難し、命を落としています。

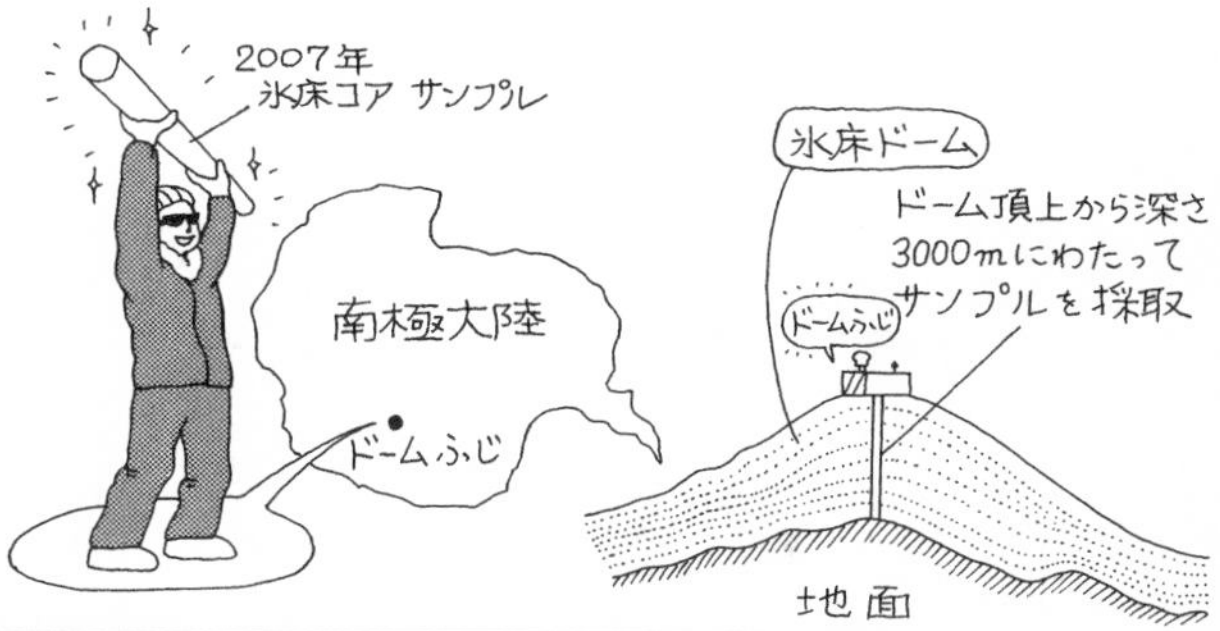

図4-9　南極から得られた氷床コアのデータ

お宝情報が眠る氷床コア

氷床コアとよばれるこれらの氷河の柱状サンプルでは、氷の水分子に含まれる酸素や水素の同位体比、あるいは気泡に含まれている二酸化炭素、メタンなどの温暖化ガスの濃度が測定されています（図４-９）。温暖化ガスの濃度は、過去の気温変動と非常によく一致することが明らかになっています。また、電気伝導度を調べることによって、地球上のさまざまな場所で起こった火山の噴火をとらえることもできるのです。火山の噴火にともなって噴出する亜硫酸ガスなどが、氷の電気伝導度を上昇させることを応用した研究です。２００７年に日本の調査隊は、南極大陸の中央部に位置するドームふじで３０００mを超える氷のサンプルを採取することに成功しました。この中には72万年もの気候の歴史が記録されており、地球環境の貴重なデータ源となっています。

グリーンランドから得られた氷床コアでは、海底堆積物よりもずっと細かい時間軸で、過去の気候変動を研究することが可能となりました。驚いたことに、氷の同位体比から復元された気温変化には、酸素同位体比から考えられた氷期・間氷期のサイクルだけではなく、もっと細かい急激な変化が非常に多数記録されていたのです。氷期のあいだに1000年から3000年の周期で温暖化する「ダンスガード・オシュガー・サイクル」や、温暖化の直前に起こる「ハインリッヒ・イベント」などが、氷床コアの研究で大きな注目を集めました。20世紀末に得られた新しい発見が私たちに教えてくれていることは、過去数十万年にわたって地球の気候は非常に激しく変動しており、その変化の速度は考えられていたよりもずっと急激だということです。わずか数十年という単位で、温暖モードから寒冷モードに急激に変化する可能性が示されました。これは、過去の環境研究の中心だった地質学者には想定もできないような速度でした。

今日、地球温暖化の影響が真剣に議論されている背景には、このような突然の気候変動の可能性があるのです。地球温暖化で気温が上昇し、海水準が上昇することだけが問題なのではありません。多くの科学者は、メカニズムがよくわかっていない激変の引き金を引いてしまうかもしれないことを危惧しています。

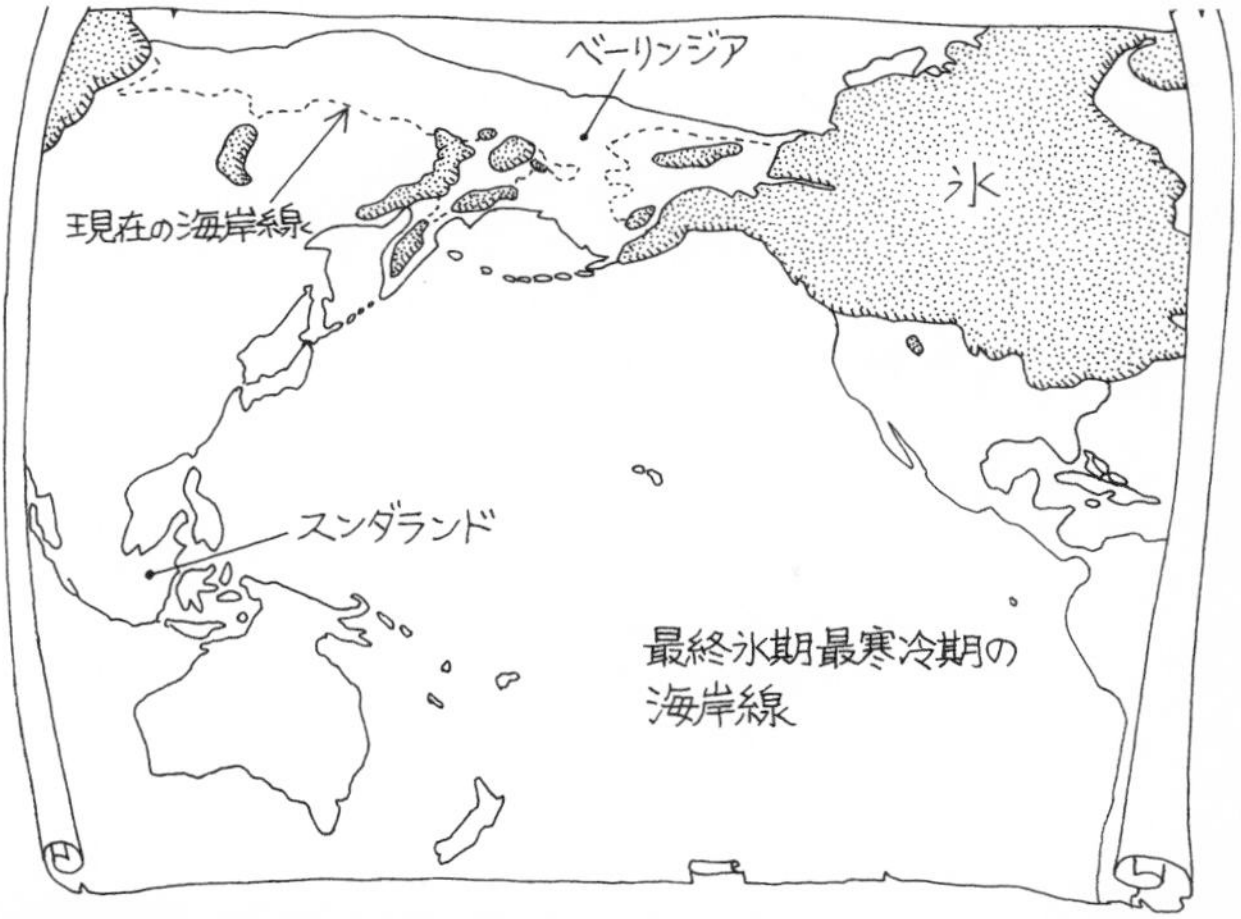

図4-10　氷期の環太平洋地域

4.6　海水準面の変動

過去の気候変動によって変化した氷の量は、海水の酸素同位体比だけではなく、海水の量そのものにも大きな影響を与えました。氷期の最盛期には海水準面が１００ｍ以上も下がっており、大陸棚に陸橋を形づくっていました（図4-10）。当時はシベリアからアラスカのあいだにベーリンジアとよばれる大地が広がっており、歩いていくことができたのです。ただし、氷期のあいだは、北米大陸の北側は氷で覆われていたため、アメリカ大陸に本格的にヒトが進出するのは、最後の氷期が終わる1万1０００年前まで待たねばなりませんでした。ほかにも、氷期にはグレートブリテン島はヨーロッパ本土とつながっていましたし、東南アジアの島々にもスンダランドとよばれる大地が存在したのです。一方、この時期でもオーストラリアとスンダランドが陸でつながったことはありませんでした。しかし、遅くとも5万年前にはオーストラリアにヒトが拡散していることを見ると、すでに筏《いかだ》かボートのようなものを発明していたのでしょう。氷期と間氷期に海面が上下したことは、ヒトが水辺の環境に適応するきっかけを与えたのかもしれません。残念ながら、ヒトがどのように大洋へと進出したのかについては、考古学的な証拠は十分ではありません。今後の研究が期待されるところです。

縄文時代は今より気温も海水温も高かった

日本では、縄文時代の貝塚が現在の海岸線よりもずっと内陸で見つかることから、縄文時代に海進があったことがよく知られています（図4‐11）。6000年前ころをピークとして、海水準が現在よりもおよそ4m高かったので、平野部にまで多くの入江が入り込んでいました。これは縄文海進とよばれています。このころは、気温も現在より1～2℃高かったと考えられていますが、溶けだした氷のためだけでなく、北極と南極にのしかかっていた氷の重さが減少したため、テクトニクスのバランスで日本列島は沈降し、より内陸にまで海水が浸入したようです。縄文時代の人々は、氷期が終わるまでは弓矢や落とし穴を使って動物を狩猟する生活をしていたようで

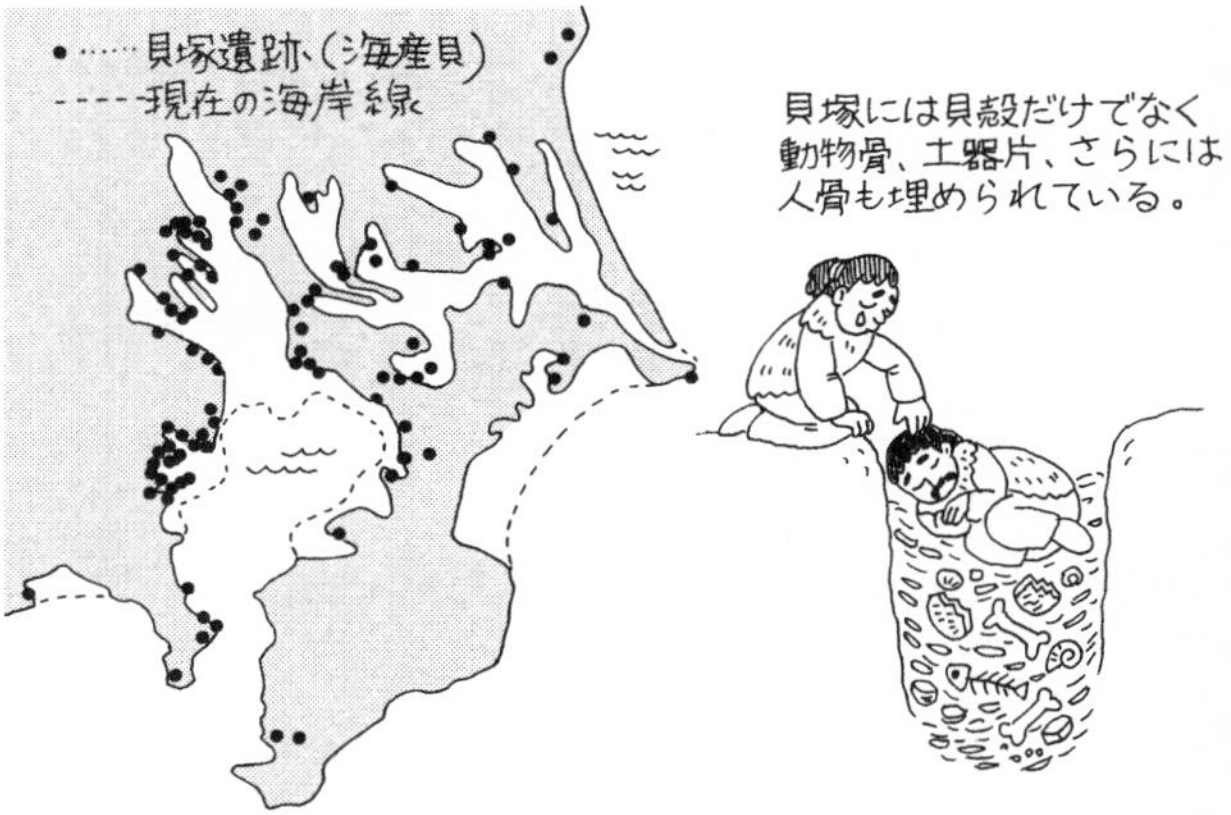
●……貝塚遺跡（海産貝）
----現在の海岸線
貝塚には貝殻だけでなく
動物骨、土器片、さらには
人骨も埋められている。

図4-11　約6000年前の関東地方の海岸線と貝塚遺跡の分布

すが、海岸線が徐々に迫ってくるのにしたがって、魚貝類を積極的に活用するようになりました。その証拠が1万年前ころの縄文早期から現われる貝塚です。貝塚には、その名のとおり貝殻をはじめとして、動物骨など当時の人々が食べた食物の残りかす、土器や石器などの道具類、あるいは多くの人骨が堆積しており、過去の人々の生活を知るための情報の宝庫です。さらに、縄文海進の時期の貝殻には、現在よりも暖かい海にすむ貝殻が含まれていることが多く、当時の海水温が現在よりも高かったことがわかっています。また、動物骨や貝殻の同位体比などを調べることから、過去の環境に関する情報を引きだそうという研究も行なわれています。現在では、古環境研究と考古学・人類学の研究は、切っても切れない関係にあるのです。

過去の環境に関する記録は、プランクトン化石の同位体比の他にもさまざまなものが残されています。たとえば、樹木の年輪は1年に1本の割合でつくられますが、その幅はその年に成長した量を反映しており、気温や日射量などの条件によって変動します（第3章第6節を参照）。樹木は長生きのものでも数百年の寿命ですが、火山灰などの堆積物の中や乾燥地などに残されている古い木の年輪の幅やそのなかに含まれる酸素同位体の割合をつないでいくことで、数千年単位での環境変動を調べることが可能になります。また、湖沼の堆積物や泥炭に残されている花粉の組成を調べてみると、当時、湖の周辺で繁殖していた植物の種類を復元することができます。花粉はスポロポレニンという高分子でできており、低湿地などの酸素がない条件では、非常に長期間にわたって保存されるのです。最近、湿地などから得られた過去の花粉分析のデータを、現在の花粉データおよび気候条件と比較することで、直接的に古気候情報として読み解く方法が開発されています。これは、数千年から数十万年の単位の記録に相当します。それによって、日本列島でも氷期から現在の間氷期に移行した様子が明らかになりつつあります。これまで注目されてこなかった試料から過去の気候変動を読み取る研究は、現在ホットな研究分野のひとつだといえるでしょう。

4.7 地球温暖化と人類のこれから

最近の研究によって、過去の環境変動は非常に不安定で、その変化は急激であるということが明らかになりました。その代表的な例が、最終氷期から温暖期へ移行する途中の1万3000年前ごろに起こった、急激な寒冷化現象であるヤンガードリアス期です。この名前は、1920年代に北欧で行なわれた花粉分析の研究で見つかった寒冷期につけられたもので、この寒冷期の地層に花粉が多く含まれるチョウノスケソウ（*Dryas octopetala*）にちなんだ名前です。当初は、氷期の変動は高緯度の地域的な現象と考えられて注目されませんでしたが、これまで述べてきたような海洋堆積物や氷床コアの研究などによって、世界的にその影響が残されていることが明らかになったのです。

考古学上の発見と放射性炭素による年代測定技術の発展が、この寒冷期への注目をさらに集めました。西アジアで見つかった最後の旧石器文化、ナトゥーフ文化の人々が、ヤンガードリアス期の寒冷化に適応する過程で小麦などを栽培するようになったのではないかと考えられるようになったからです。放射性炭素を使って深海の水の循環を調べていたアメリカの海洋物理学者ウォーレス・ブロッカーは、この地球規模での突然の寒冷化を説明する上手いアイデアを思いつきま

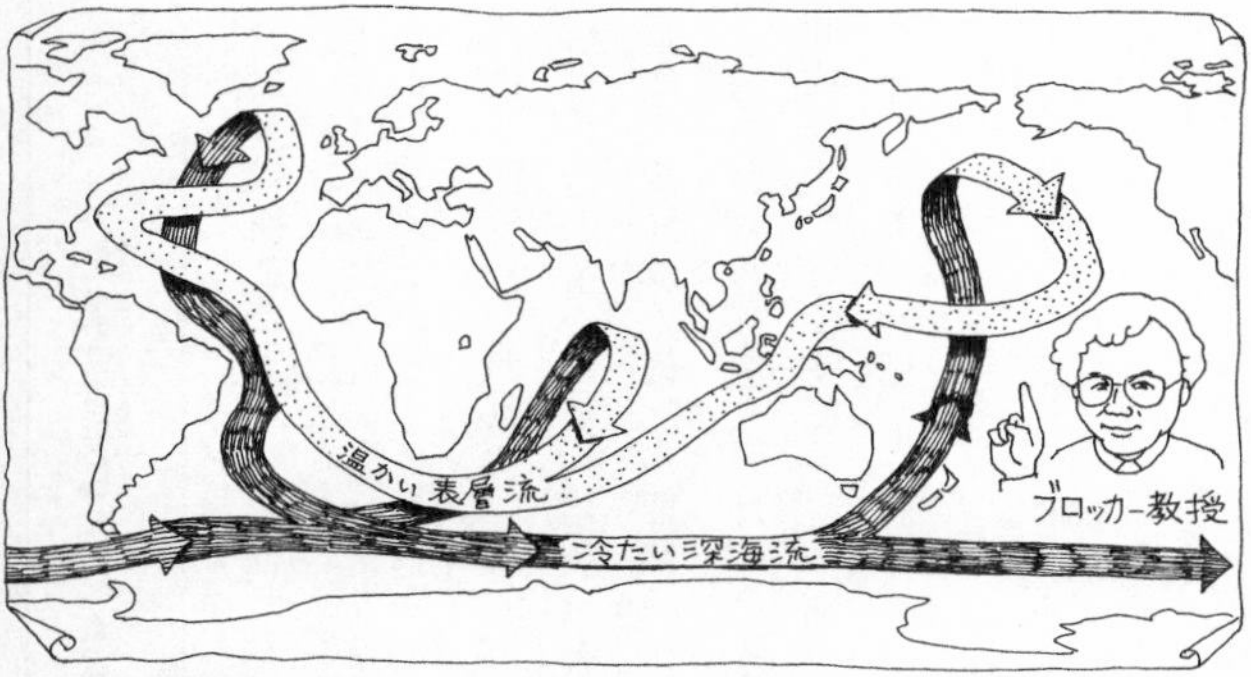

図4-12 熱塩循環の模式図

した。彼が注目したのは、熱塩循環とよばれる地球規模の海水循環です（図4-12）。

　海水は地球全体をゆっくりと循環しており、熱帯地方から高緯度地方へと熱を運ぶ働きをしています。大西洋を北上するメキシコ湾流の影響を受けているイギリスがほぼ同じ緯度の北海道よりもずっと暖かいのは、この海水循環のおかげだといえます。この海水循環を動かすモーターの役割をしているのが、グリーンランド沖と南極海での海水の沈み込みだと考えられています。これらの海域で、海水は温度が下がり比重が増すと同時に、水分を氷として奪われて塩分濃度が上昇する結果、非常に重たい海水が深海まで沈み、その力で海水が地球上をベルトコンベアのように循環しているのです。

熱塩循環の変動が地球と人間にもたらしたこと

ところが、最終氷期が終わったときの温暖化で、この熱塩循環に大きな変動が起きました。温暖化によって大陸の氷床が溶け、大量の真水が海へと流れだしました。この氷床から溶けだした真水が大西洋北部の表層を覆ってしまい、低温と高い塩分濃度による沈み込みがなくなり、海水のベルトコンベアが動かなくなったのです。そのため、赤道付近から高緯度へと運ばれていた熱エネルギーの運搬が途絶え、中高緯度では急激な寒冷化と乾燥化が進んだと考えられています。温暖化によって広まった森林地帯に適応し、定住的で植物を中心とした新しい暮らしをはじめた西アジアに住む人々は、この急激な環境変化に対応することを迫られました。かつては、環境が悪化した土地は見捨てて、獲物の多い場所を求めて移住することが可能でした。再び狩猟を中心として、移動生活をはじめた集団もいたようでした。一方で、植物を加工するための石皿や磨石《すりいし》など、重たい家財道具を捨て去ることをせずに、なんとか植物を確保しようとした集団もいたようです。そのような集団によって、野生の植物が管理されるようになり、いわゆる農耕が開始されたと考えられています。

農耕が開始されたことによって、人々はある程度自らで環境の変化を克服できるようになりました。狩猟対象だったヤギやヒツジなどの動物も、農耕が開始された数千年後には、家畜という形でヒトの集落に暮らすようになりました。それまでのように自然の動物や植物を利用するだけではなく、ヒトが自らの食料供給をコントロールするようになった点は、ヒトと環境とのかかわりを考えると重要な転換点であったということができます。その点を重視して、農耕と牧畜が開始された新石器時代のはじまりを「新石器革命」とよぶことがあります。

実は、この新石器革命によって、地球環境が影響を受けているという研究が報告されています。現在の間氷期は、これまでの間氷期と比べると温暖化ガスである二酸化炭素やメタンがずっと多いというのです。工業化によって化石燃料が大量に消費され、二酸化炭素をはじめとした温暖化ガスが、地球温暖化をもたらしているかもしれないということは皆さんも耳にしたことがあるでしょう。しかし、先ほどお話ししたグリーンランドの氷床コアを詳しく調べてみると、二酸化炭素やメタンの上昇傾向は８０００年前ころからはじまっており、農耕の開始・拡散と関係があるかもしれないことが示されました。もしも人間の影響がなければ、数度は気温が低かったに違いないと、ウィリアム・ラディマンらは主張しています。この説には、別の説明も可能であるという反論があり、まだまだ研究が必要です。しかし、私たちの活動が環境に明らかに記録されるようになった時期を、「人新世」という新しい地質年代としようという議論がはじまっており、この1万年ほどで地球にとってヒトは無視できない存在になりました。

今日の人類は、新石器時代の人々とは比べものにならないほど多くの負荷を地球にかけ続けています。それは地球温暖化という問題で顕在化していますが、実際に心配すべきなのは、温暖化によって予想もしなかったような気候変動が数十年という短い時間に起こるかもしれないという点です。過去の気候変動に関するさまざまな研究から、地球環境は非常に不安定だということがわかってきました。突然、きわめて激しい気候変動が何度も起こってきました。しかし、そのメカニズムは、太陽活動や地球の運動、大気や海水の循環などが複雑に絡み合っており、私たちの理解はまったく不十分です。文明が経験したことのない急激な環境変動をできるだけ先送りにするための努力も必要ですが、過去の気候変動を詳しく調べることで、そのメカニズムを理解することもとても重要です。

第二部

人類のあゆみ

第5章
哺乳類の誕生から霊長類の出現まで

この章では、哺乳類の誕生からヒトが属する霊長類に至る生物の進化について概観し、次の第6章につなげます。

宇宙の誕生は138億年ほど前だと推定されていますが、太陽系は第2世代以降の恒星系として50億年前ごろに誕生し、その後各惑星系が形成されていきました。40億年前ごろには地球表面がかなり落ち着き、海が形成されました。地球上に生命が発生したのはそれから数億年後の、38億年〜35億年ほど前だと考えられています。図5-1に、生命進化のタイムスケールを三段階に分けて示してあります。

原始的哺乳類は、およそ2億年前に羊膜類の中から出現しました。3億年以上前に両生類から、卵が乾燥に耐える羊膜をもって陸上に出現したのが、羊膜類です。爬虫類、鳥類、哺乳類の総称となっています。原始的哺乳類は、単孔類（現存するのはカモノハシとハリモグラ）と有袋類（カンガルーやコアラなど）という、やや原始的な種類が分かれた後、1億6000万年ほど

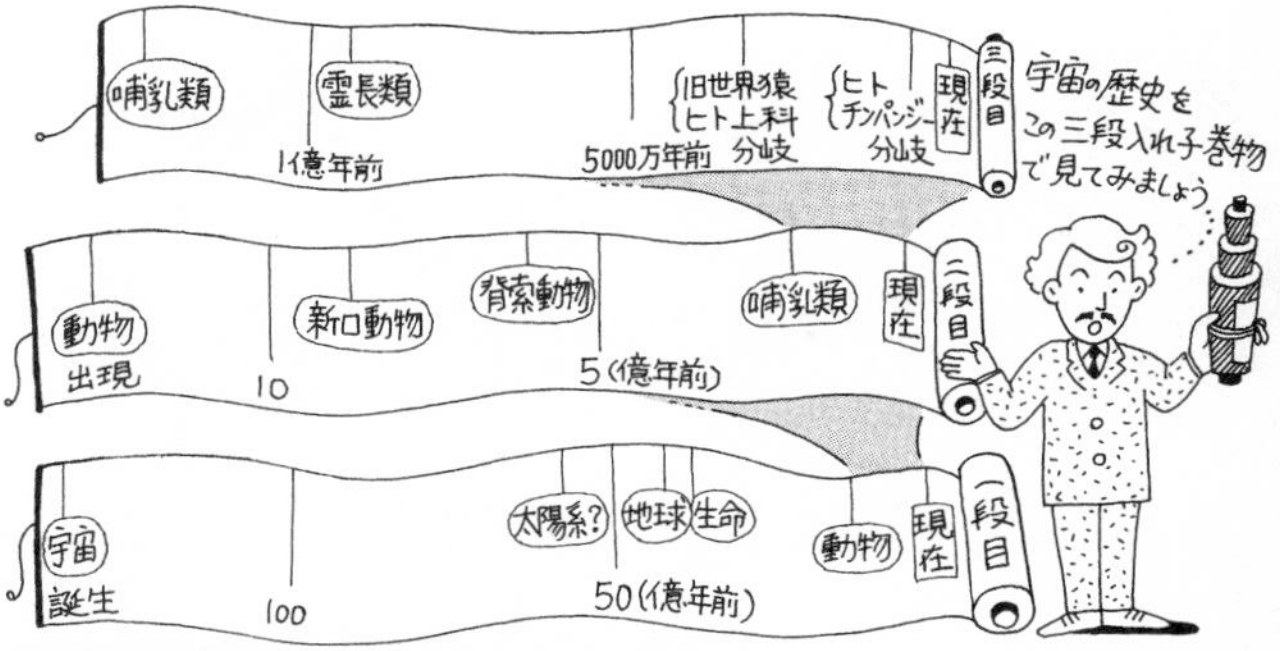

図5-1　宇宙の誕生から現在まで

前に有胎盤哺乳類が出現しました。子宮に胎盤ができてそこで胎児が母親から栄養分をもらって大きくなり、やがて出産するというタイプの動物です。

現在、有袋類はオーストラリアとパプアニューギニア、および一部の種類が南北アメリカに分布しているだけです。彼らはユーラシアやアフリカにはまったく分布していません。これは、かつてはオーストラリアとパプアと南アメリカ大陸がつながっており、動物の行き来があったことを示唆しています。このように、数千万年、数億年というきわめて長い期間で見ると、大陸は移動しているのです。

大陸移動の変遷

図５-２に、現在から2億年ほど前以降の地球の大陸の分布が、四時期について示してあります。図５-２Ａは、中生代の中ごろ、ジュラ紀とよばれる時代です。およそ１億８０００万年前の地球です。それよりももっと前には、

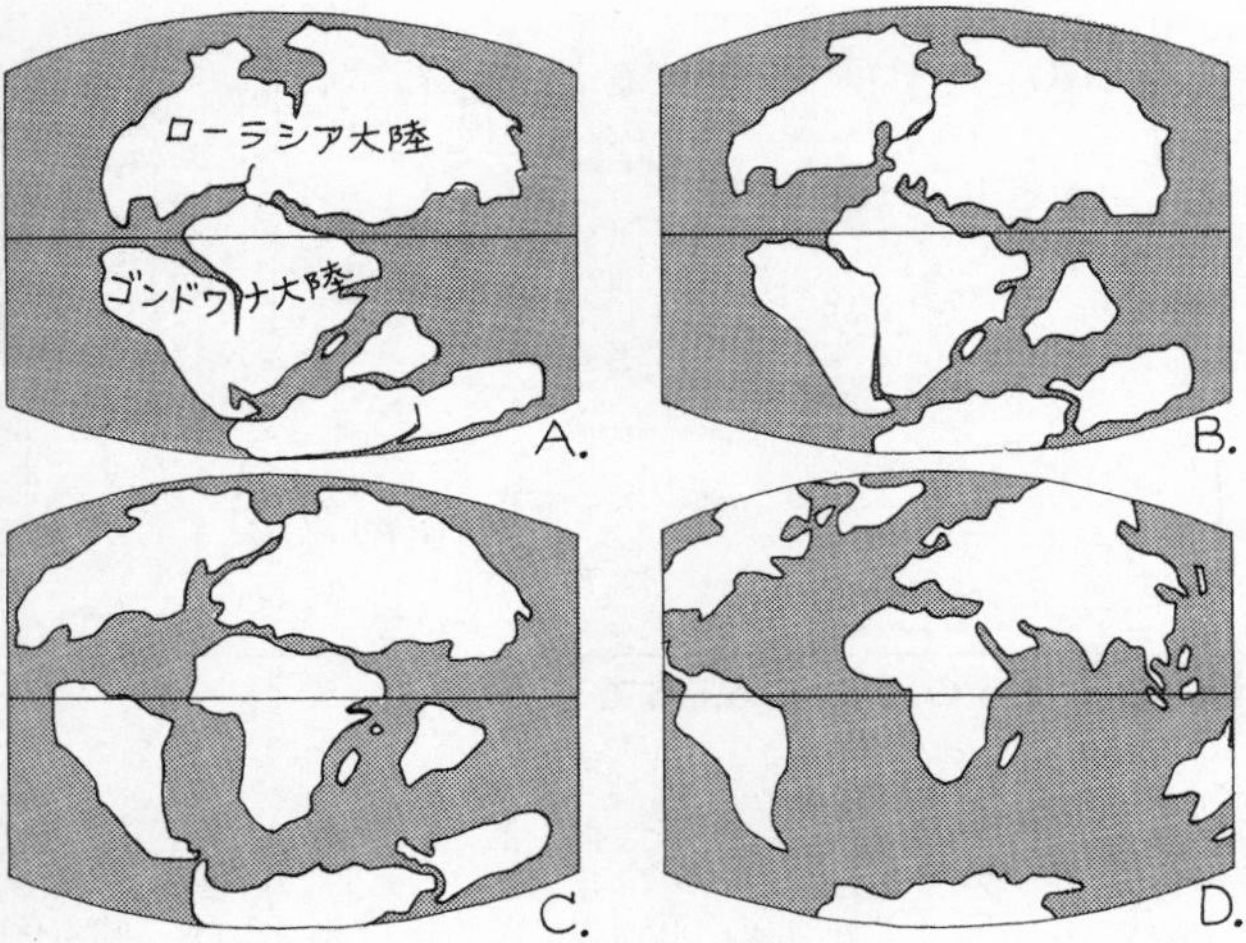

図5-2 **大陸移動**

A. ジュラ紀（1億8000万年前）、B. 白亜紀（1億3500万年前）、C. 中生代～新生代（6500万年前）、D. 現在

現在の大陸全部がひとつにくっついた超大陸パンゲアがあったのですが、それがこのころになると3つに大きく割れています。上の固まりは現在のユーラシア大陸と北アメリカ大陸がつながったもの（ローラシア大陸）、その下に現在のアフリカ大陸と南アメリカ大陸がつながったもの（ゴンドワナ大陸）、その下に現在の南極大陸とオーストラリア大陸が結合したものが見えます。さらに現在のインド亜大陸がひとつの巨大な島となっています。

この状態から4500万年ほど経過した中生代の白亜紀（約1億3500万年前）には、図5-2Bのように変化しています。ローラシア大陸とゴンドワナ大陸が分裂しはじめています。さらに中生代から新生代に移ろうとする約６５００万年前の様子が図５-２Ｃに示してあります。まだユーラシアと北アメリカはつながっていますが、アフリカと南アメリカは完全に離れ、逆に南アメリカと南極が近接しています。インドは依然として孤立しています。図５-２Ｄには現在の大陸分布が示してあります。

哺乳類は主に４つの系統に分かれる

有胎盤哺乳類にはいろいろな種類がありますが、生物分類学ではこれらの段階を「目(order)」とよびます。ライオンやトラは、クマ、タヌキ、キツネなどとともに食肉目に属し、マウスやハムスター、リス、ビーバーは齧歯《げっし》目、ウシ、ヒツジ、キリン、シカは偶蹄目、ウマやバクは奇蹄《きてい》目、ゾウは長鼻《ちょうび》目、コウモリは翼手《よくしゅ》目、という具合です。ただし、最近の急速な哺乳類分子系統学の発展により、これらの従来の分類の中には、再考を迫られているものがあります。たとえば、クジラやイルカの仲間はこれまで鯨目とされてきましたが、偶蹄目と進化系統的に近いことがわかってきました。とくにその中でもカバの仲間にもっとも近いとされています。このため、最近では鯨偶蹄目という名前が使われるようになりました。

図５-３に、分子系統学の成果を中心として現在提唱されている哺乳類の系統関係を示しました。ここでは、有胎盤哺乳類は、大きく４種類の系統に分かれています。アフリカ獣類は、文字

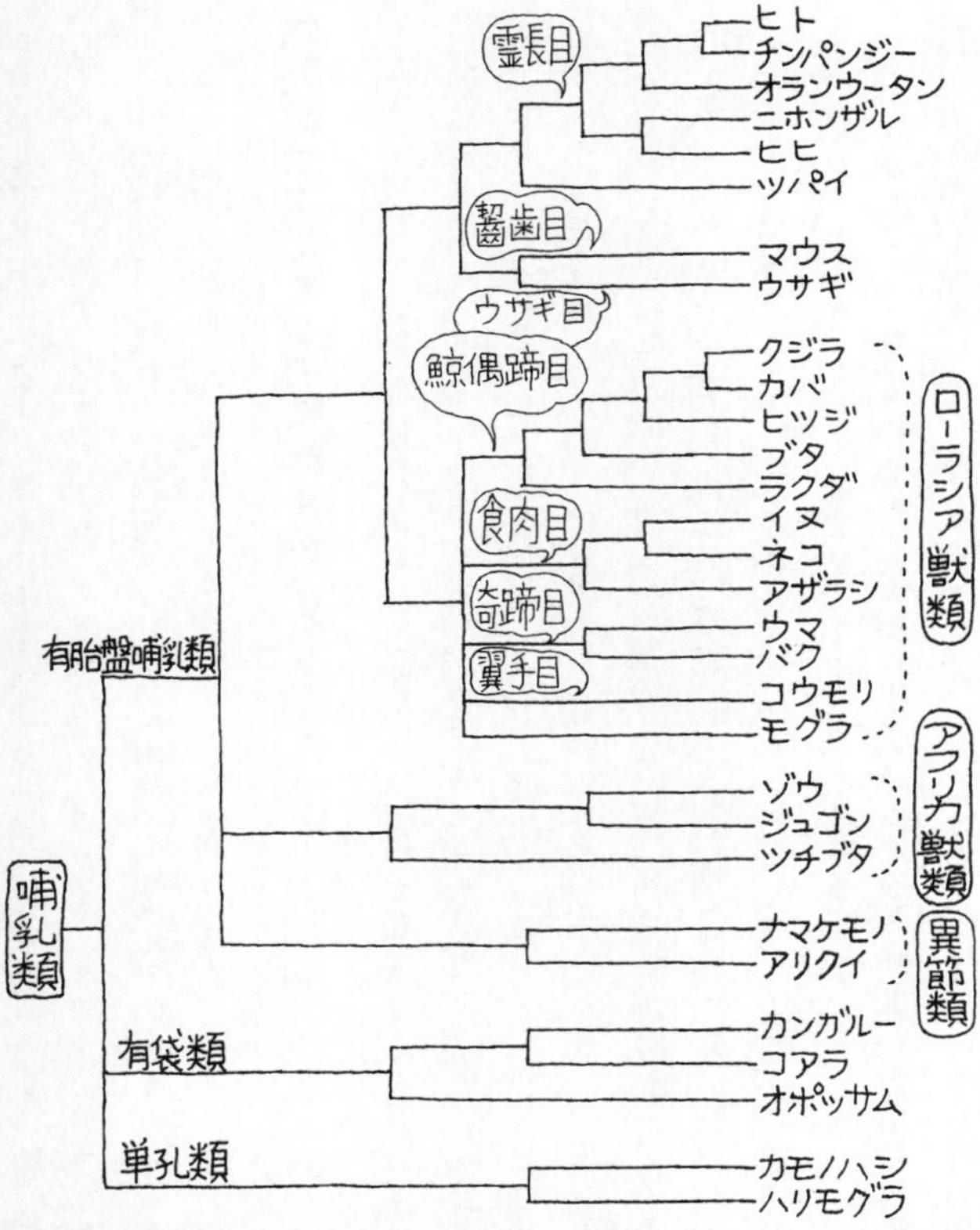

図5-3 哺乳類の系統関係

どおりアフリカ大陸で進化した哺乳類です。ゾウ、ジュゴン、ハイラックス、ツチブタなどが含まれます。ローラシア獣類は、これもローラシア大陸（ユーラシアと北アメリカ）で進化した生物であり、クジラ、ウシ、ヒツジ、ウマ、コウモリ、モグラなどが含まれます。異節類は、アリクイ、ナマケモノ、アルマジロといった風変わりな生物が含まれますが、南アメリカを中心に進化した系統です。残る種類は、ネズミ、ウサギ、ヒヨケザル、ツパイ、サルの仲間が含まれ、ヒトもここに属します。このグループの哺乳類は、ローラシア大陸で進化したのかもしれません。霊長類の系統に進化していったと考えられている最古の化石プレシアダピスは、北アメリカで発見されています。

従来の進化の教科書では、さまざまな有胎盤哺乳類の多様性が、適応放散という概念で説明されることがよく見受けられました。しかし、実際には有胎盤哺乳類は大陸移動にしたがって系統分化を進めたのです。これは、地理的隔離によるものであり、それぞれの環境に適応したのは、系統分化の後に生じたものであり、しかも適応による放散への貢献は小さいと考えられます。

哺乳類の共通祖先から、霊長類の祖先はどのように進化していったのでしょうか。現在生息している霊長類は、ヒトのような変わり種を除けば、熱帯や亜熱帯の森林に分布している種類が大部分です。したがって、まず考えられるのは、そのような環境に特殊化していったという可能性です。森林の樹上にすむことによって、木の枝をつかむために四肢の把握力が向上し、また森林内で遠くに存在する物体を識別するために、立体視の能力や色覚が発達しました。歯は特殊化することなく祖先型哺乳類とほぼ同様の形を保ち、嗅覚能力は減退する一方、脳全体は他の哺乳類よりも大きくなっていきました。他にも霊長類にはいろいろな特徴がありますが、その大部分は、私たちヒトにも受け継がれています。霊長目内の進化については、次の第6章でより深く見ていきましょう。

第6章 サルからヒトへ ～猿人の登場

6.1 サルから進化したヒト

ヒトは霊長類つまりサルの仲間で、サルから進化したといわれますが、なぜそれがわかるのでしょうか。第一の理由は、現生生物の中で、ヒトともっともよく似ているのがサルたちだからです。スウェーデンの博物学者カール・フォン・リンネが、18世紀中葉に動植物の近代的分類体系を打ち立てたとき、彼はヒト（ホモ・サピエンス）をサルの仲間、つまり霊長類に分類しました（第1章を参照）。この考えは、研究が進んだ現在でも変わっていません。では実際に、ヒトのどのような特徴がサルと共通しているのでしょうか。

まず、ヒトはサルと姿かたちが似ている、つまり比較解剖学上の類似性があります（図6-1）。現在の地球上には、約３５０種のサルがいます。これらは一般に、左右の眼が前に並び、

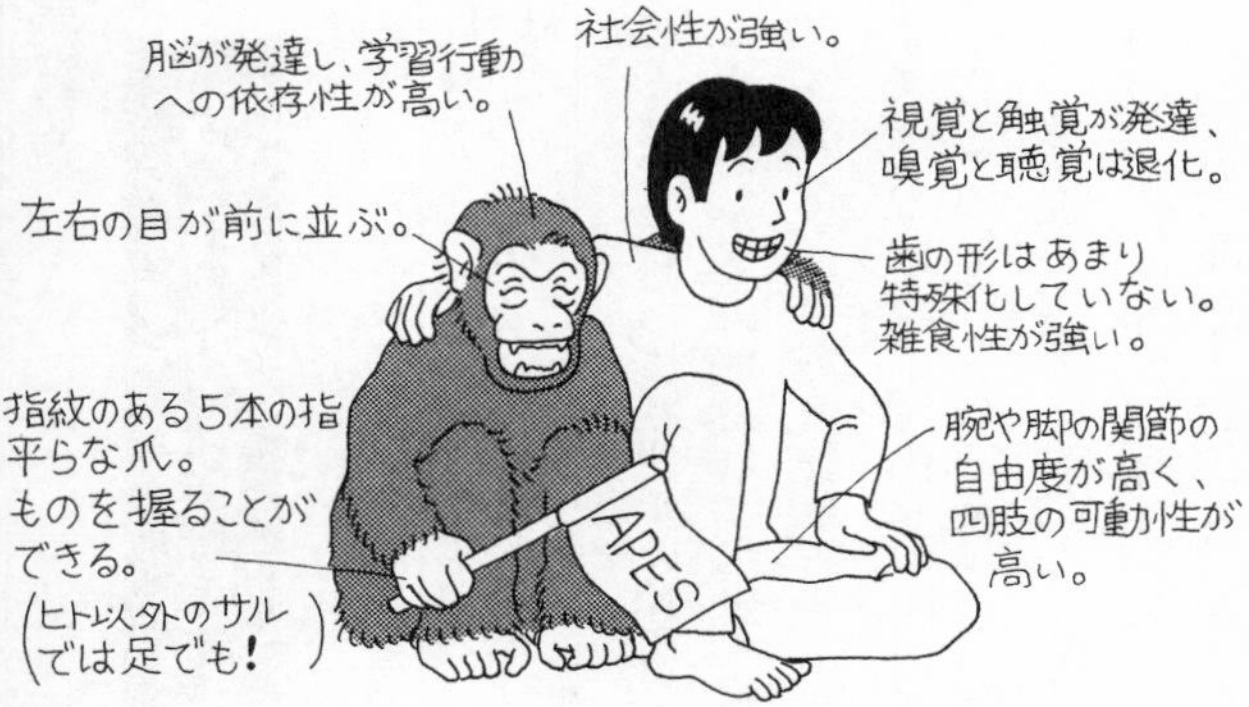
社会性が強い。
脳が発達し、学習行動への依存性が高い。
視覚と触覚が発達、嗅覚と聴覚は退化。
左右の目が前に並ぶ。
歯の形はあまり特殊化していない。雑食性が強い。
指紋のある5本の指平らな爪。ものを握ることができる。
（ヒト以外のサルでは足でも！）
腕や脚の関節の自由度が高く、四肢の可動性が高い。
APES

図6-1 サルとヒトに共通する特徴

鼻先が極端に突出せず、平らな爪と指紋を備えた指が左右の手足に5本ずつあり、手足でものをつかむことができ（ヒトの足は例外）、腕や脚の関節の自由度が大きくて動きに柔軟性があり、さらに体重に対する比で考えると他の哺乳類に比べ脳がやや大きい傾向があるなどの特徴を共有しています。

ヒトとサルのあいだには、行動学上の類似点も多くあります。動物園のサル山で10分も観察すればわかるように、社会性が高く、仲間どうしでさまざまな駆け引きを行なうほど頭がよいといった特徴も、ヒトとサルに共通しています。

サルの中でも、とりわけヒトとよく似ているのが、チンパンジー、ゴリラ、オランウータンなどの大型類人猿です。ヒトと大型類人猿の関係は、遺伝学的な研究の登場によって、もっと詳しくわかるようになりました。ヒトとサルのＤＮＡの類似性を調

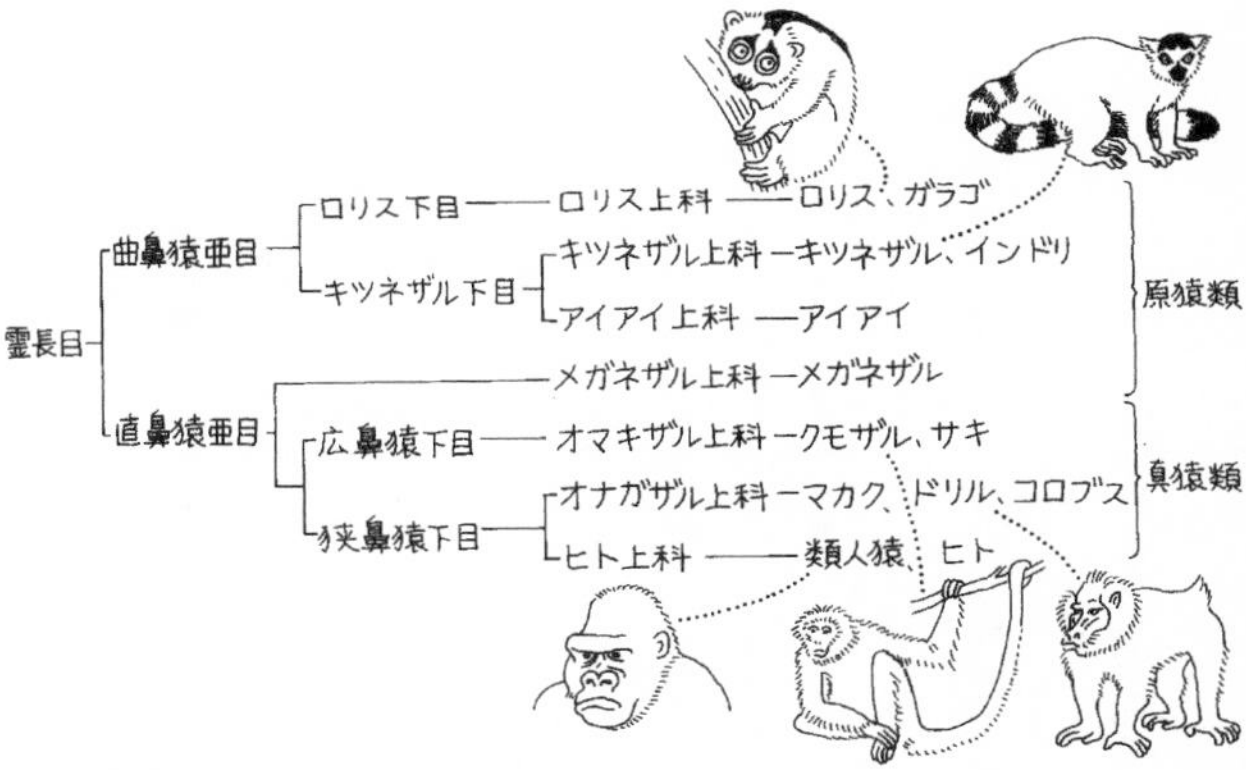

図6-2　現生霊長類の分類

べる研究は、１９６０年代ごろから間接的な手法を用いてはじまり、その後、解析技術の飛躍的進歩により、現在では大型類人猿の中でもっともヒトに近いのはチンパンジーの仲間であることが明らかにされています（図６-２：序章も参照）。

6.2　霊長類の進化

もっとも古い霊長類は、まだ恐竜がのし歩いていた７０００万年ほど前に、昆虫などを食す小型で臆病な夜行性の存在として出現したと考えられています。原猿類とよばれるこのグループの仲間は、現在は、アフリカのマダガスカル島などに孤立して生存しています。

やがて４０００万年前までに、視覚などが発達し、葉や果実などを食べる真猿類とよばれるグループが、原猿類の一部から進化しました。真猿類に含まれるのはマカク（ニホンザルなど）、ヒヒ、コロブスなど、現在のアフリカやアジアに暮らす大多数のサル（狭鼻猿類）です。中央アメリカや南アメリカの熱帯雨林にも、広鼻猿類とよばれる、もうひとつの真猿類の仲間がいます。ただし現生のマカクやヒヒは、真猿類の祖先からかなり進化し、特殊化しています。このグループは木がまばらな開けた土地での地上生活に適応し、歯の形なども一般の霊長類とやや異なる独特なものに変化しました。

さらに真猿類の中から、おそらく2500万年前ごろに最初の類人猿が現われ、やがてアフリカ、アジア、ヨーロッパに広がりました。現生の類人猿は、アフリカにいるチンパンジー、ボノボ（ピグミーチンパンジー）、ゴリラ、および東南アジアにいるテナガザル類とオランウータンです。

今よりも森林が拡大していたアフリカでは、1500万年前までのあいだに多様な類人猿が進化し繁栄しましたが、その後、森林の減少とともに類人猿の化石はあまり見つからなくなります（ただし最近になって少しずつ1000万年前ごろのアフリカ類人猿の化石発見例が増えてきました）。当時アフリカにいた類人猿のあるグループから最初の人類が進化したことは間違いありませんが、実は、現時点では化石がまだ少ないため、それがどのような種であったのか特定できていません。

6.3 最初の人類はアフリカで誕生した

さて、それでは人類、つまりヒトの系統はいつどこで進化したのでしょうか。ダーウィンの進化論が普及し、人類進化の探究がはじまった19世紀末～20世紀初頭の研究者たちは、人類の故郷は熱帯地方であろうと予測する点で一致していました。サルは基本的に熱帯地方の動物ですから、これは妥当な考えです。

現生霊長類の生息している熱帯地域といえば、アフリカかアジアか、中央・南アメリカですが、ダーウィン自身はアフリカに注目していました。彼がヒトにもっともよく似ていると考えていた、チンパンジーとゴリラが生息する地域だったからです。ところが当時の学界で圧倒的に人気があったのは、アジア起源説でした。十分な化石証拠も得られていない時代になぜそう考えられたかというと、当時、アフリカを〝暗黒大陸〟とみなす偏見が強くあり、そのような場所を人類誕生の地と考えたがらない人が多かったからだといわれます。今考えればおかしなことですが、人間が行なっている以上、科学の歴史にもそうした誤りは皆無ではありません（そうした誤りをなくすためにも私たちは歴史から学ばねばなりません）。

ダーウィンの予測が正しかったことは、最終的に化石とＤＮＡの証拠から証明されますが、それまでになんと100年ほどの年月がかかりました。アフリカで、今では猿人とよばれている初期人類の化石が最初に見つかったのは、1924年のことです。その後1960年代までに、南・東アフリカで相当量の猿人化石が発見されましたが、多くの研究者の注目は、パキスタンのシワリクで発見された1500万年前の化石などに向けられ、アフリカの重要性はなかなか認識されませんでした。しかし調査の進展とともに、シワリクの化石は人類でなく類人猿（おそらくオランウータンの祖先）のものとわかり、アジア起源説の根拠は破綻しました。

6.4 ヒト独特の特徴とその進化

ここで、霊長類の中で、ヒトにどのような独特の特徴があるのかを考えてみましょう。まず身体特徴についてですが、ヒトはサルの中では大型な部類です。直立姿勢をとり二本足で歩きますが、これはヒトの代名詞的な特徴といえるでしょう。このユニークな行動様式の影響で、類人猿と比べて腕は短く、脚が長い特徴があります。手は、歩行から開放されたためにとても器用になり、逆に、足は歩行専門になってものをつかむ機能を失いました。さらに、骨盤や足の骨のつくりも大きく変化し、脊柱も直線状でなく、緩いS字カーブを描くようになるなど、全身のつくりが大改造されました。

ヒトの体の特徴はまだまだあります。類人猿よりも胴が細く、体毛は局所的に濃いだけで、かなり衰退しています。脳が劇的に大きくなったため、頭骨は高く丸みを帯びるようになり、逆に顔は小さくなって、前方へ突出せずに額の真下に位置するようになりました。口を開けてみると、犬歯はサルのように大きく突きでておらず、ほとんど切歯と区別できないほどに退縮してしまっています。

次に行動上の特徴を見ると、これは細かくあげればきりがないほど、ヒトの生活様式は独特です。社会性が強いのは他のサルたちと共通ですが、ヒトの社会は、サルたちより格段に複雑なルールやしきたりがあり、かつそれも時代によって大きく変化しえます。技術面でいえば、チンパンジーも枝を使ってアリ塚の〝アリ釣り〟をしたり、堅い木の実の殻を石で割るなどの道具使用を行なうことが知られていますが、ヒトの道具の多様性と複雑性は、この比ではありません。このようなヒトの行動上の複雑性を可能にしている背景に、言語があることは疑いないでしょう。言語や優れた創造性、高い予見能力を可能にするヒトの脳が、こうした行動の複雑性を生んでいるのだといえます。

こうしたヒトの脳は、芸術という、生物界では独特の要素も生みだしています。ただ食べて日々を生き延びて、子孫を増やしていくだけなら、生物には、絵画も音楽もアクセサリーも格好いい服も必要ありません。しかし私たち現代人は、不思議なことに、そのようなものを欲しがります。これは、霊長類はもちろんのこと、生物界全体の中で、非常にユニークなヒトの側面です。

もうひとつ、ヒトの大きな特徴をあげましょう。それは広い地理的分布です。私たち現代人は、世界中のあらゆる陸地に暮らしています。私たちはこのことをあまり意識せず当たり前と思ってしまいがちですが、実は、これは生物界ではきわめて特殊なことです。他の陸生動物を見てみても、これほど広い分布を示すものはありません。

こうしてみると、ヒトはサルの仲間であるといっても、かなり風変わりなサルだということがわかると思います。こうしたヒトの特徴が、いつ、どのように、なぜ進化し、そのことにどのような意味があるのかを探っていくのが、人類進化を研究する者たちの究極の目標です。それでは、これ以降の節で、現在わかっていることを見ていきましょう。

6.5 最初の人類、初期の猿人と猿人

ヒトの一番古い祖先は、チンパンジーとボノボとの共通祖先から枝分かれして、1000万年〜700万年前のどこかの時点で誕生したと推定されています（図6-3）。この数字は、これまでの研究史の中で、およそ2000万年〜200万年前の範囲で、さまざまに動いてきました。

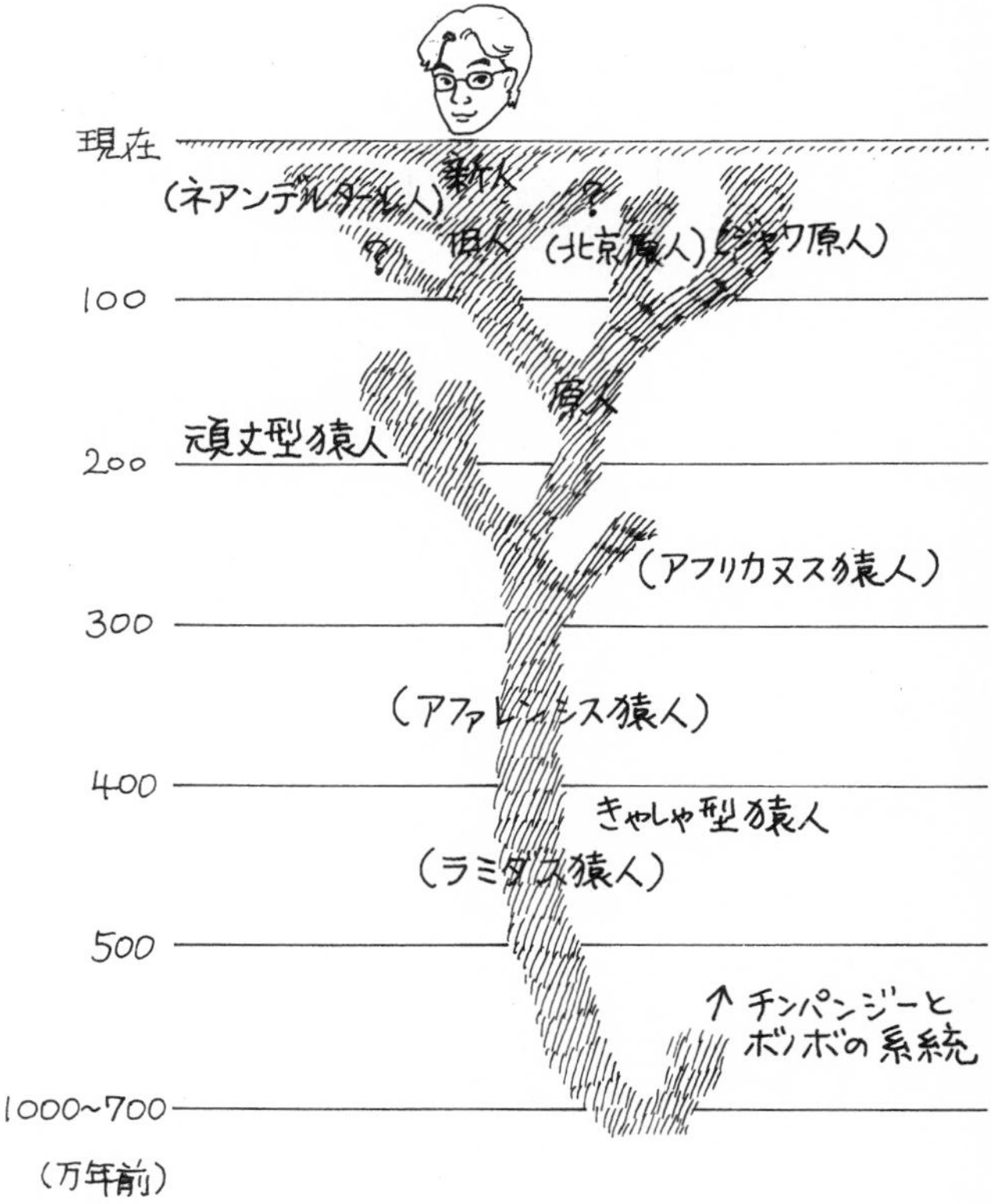

図6-3　推定される人類の系統樹

しかし最新のＤＮＡ研究の予測と、現在までに見つかっている最古の人類化石がおよそ７００万年前のものであることから、１０００万年〜７００万年前という数字は、かなり正解に近いだろうと、現在の多くの研究者が考えています。

さて、ヒトとチンパンジーが約７００万年以上前に祖先を共有していたなら、その祖先はチンパンジーのような姿をしていたのでしょうか。チンパンジー自身もこのあいだに進化しているわけですから、必ずしもそうとは限りません。しかし、現生大型類人猿に共通する、大型の犬歯、深い体毛、長い腕、小さな脳といった特徴は、おそらくこの共通祖先ももっていただろうという予測は成り立ちます。さらにこの祖先は、もちろん二足直立歩行はしていなかったでしょうし（そうだとすればチンパンジーは一度二本足で立ち上がって、その後に再び木に登ったことになります！）、おそらく体のサイズもそう大きくはなかったでしょう。

こうした予測を検証するには、この時代の化石を見つけるしかありません。21世紀が近づくまで、そのような化石はほとんど知られていませんでした。しかし活発な調査の結果、最近になってアフリカのエチオピア、ケニア、チャドなどの地域で、そうした化石が発見されるようになりました。そしてこれまでに発表されている情報によると、これら７００万年〜４４０万年前の人類は、チンパンジーのように小型で脳も小さく、犬歯もやや大きな動物であったことがわかっています。ただし頭骨や歯などにチンパンジーと異なる特徴も見られ、さらにこの時期からすでに

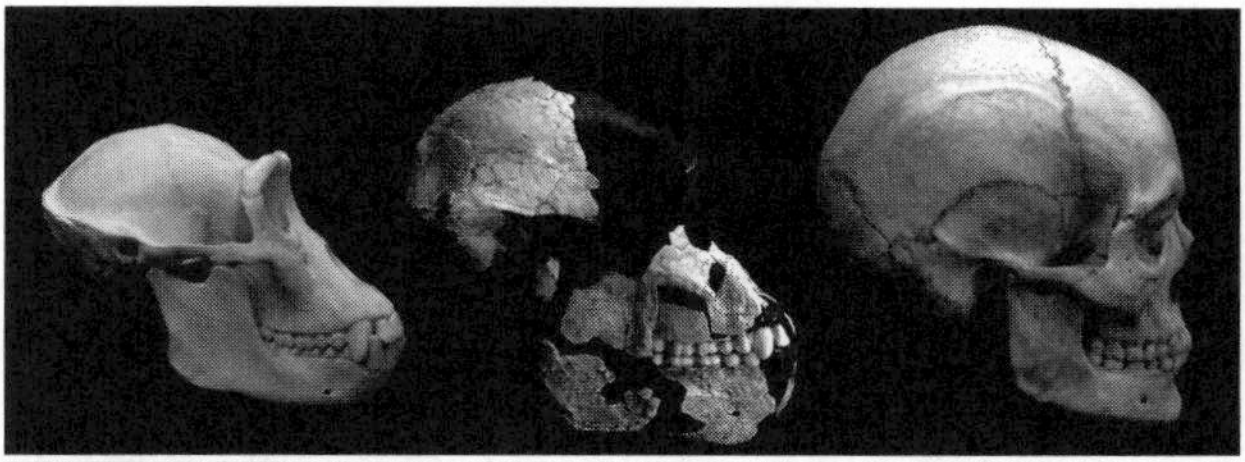

図6-4　**頭骨の比較**
左からチンパンジー、300万年前のアファレンシス猿人、ヒト（ホモ・サピエンス）

二本足で立ち上がっていたことも示唆されています。

これまでの化石の調査から、７００万年〜２５０万年前のアフリカの大地には、チンパンジー的な体つきをし、小さな脳と突出した顔、比較的大きな犬歯をもち、おそらく部分的に木登りをしながらも、二本足で地上を歩き回っていた人類がいたことがわかっています（図６-４）。彼らは、骨格の形態特徴からいくつかの属、さらに種に分類されていますが、大きくまとめるときは、「初期の猿人」と「猿人」の２つに分けます。

6.6 猿人たちが歩いた証拠

ルーシーの発見

猿人が二足直立歩行をしていた可能性は、１９２４年に、最初の猿人の頭骨化石が発見されたときから指摘されていました。頭骨の底面にある脊髄の通る孔が、類人猿では頭骨のやや後方に開口しているのに対し、ヒトでは前方に移動しているのです。これは、類人猿が四足で歩くのに対し、直立姿勢をとるヒトでは頭骨が身体の真上に位置していることと関係しています。南アフリカで見つかったアフリカヌス猿人（280万年～230万年前）の頭骨を研究したレイモンド・ダートは、頭骨底面のこの特徴を見逃しませんでした。

こうした猿人の姿勢の研究は、1970年代にエチオピアで次々と発見された370万年～290万年前のアファレンシス猿人の化石、とくに〝ルーシー〟とよばれる1体の骨格（全身の半分近くの骨が残っていた）の発見によって、飛躍的に進みました（図6-5）。

ルーシーは成人女性で、身長は1mをわずかに超える程度の低さでした。その骨盤や下肢には、四足歩行の霊長類とは違うヒト的な特徴が見つかり、アファレンシス猿人が二本足で地上をしっかり歩いていたことが決定的となりました（ただしこれがどの程度完成された二足歩行であったかについては、今でも議論があります）。

足跡化石の発見

ルーシーの発見のさらに4年後の1978年、猿人が二本足で歩いていたことを示すさらなる決定的証拠が、タンザニアのラエトリ遺跡で発見されました。なんと360万年前の猿人の足跡化石です（図6-6）。

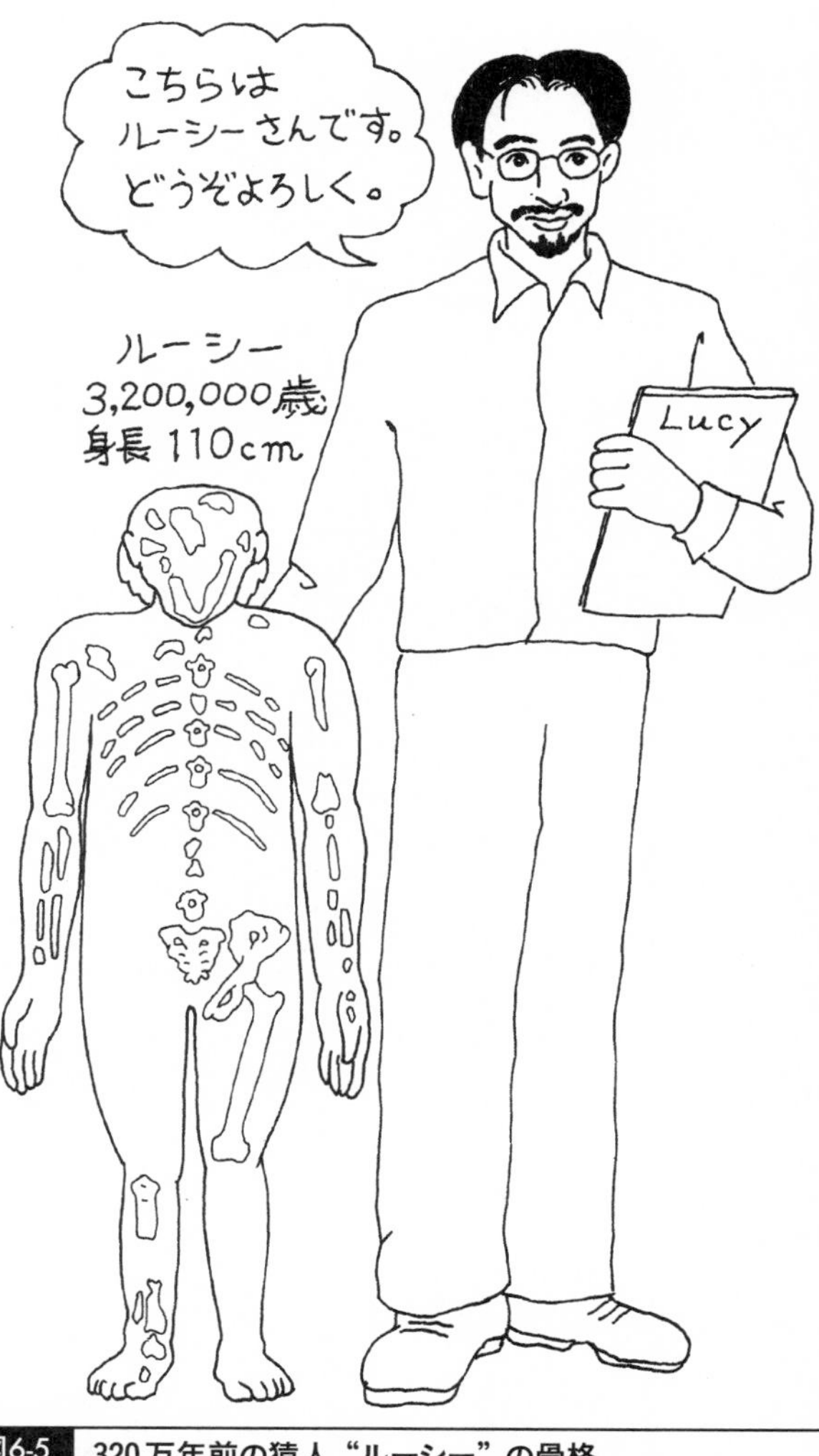

図6-5　320万年前の猿人“ルーシー”の骨格

図6-6 タンザニアのラエトリで見つかった猿人の足跡（2列ある）

ラエトリの足跡化石は、付近の火山が噴火したときに積もった火山灰が、雨で水を含みセメントのようになった上を、多数の動物たちが歩いて形成されたものです。その後、足跡が固まり、壊れないうちにさらなる火山灰の降下がありました。そして後にこの地層が侵食をうけて今日の地表面に顔を出したところを、研究者が偶然発見したのです。

50以上見つかったこの足跡は、少なくとも2人の猿人が、まっすぐ歩いて残したものでした。この足跡では、手をついた痕跡がないだけでなく、足の親指が他の4本の指と平行に並ぶようになり、さらに土踏まずの形成があることが見てとれました。つまり猿人の足は、類人猿の把握能力のある足とは異なり、私たち現代人の形にかなり近づいたものだったのです。

ラミダス猿人（初期の猿人）の発見

２００９年の秋には、ルーシーに続く画期的な発見の報告がなされました。アファレンシス猿人の祖先であった可能性のある、４４０万年前のラミダス猿人（初期の猿人）の骨格化石の研究成果が発表されたのです。これは１９９４年に発見された脆《もろ》く断片化した化石を、コンピュータ技術を駆使した困難で長い保存作業の結果、見事に修復したものです。研究の成果は、アファレンシス猿人以前のさらに古い人類について、多くのことを教えてくれます。

ラミダス猿人は二本足で地上を歩くことができましたが、アファレンシス猿人とは異なって、足が手と似た構造をしていてものをつかむことができました。さらにアファレンシス猿人と比べて木登りが得意だったようです。ただし枝にぶら下がる行動はしていなかったらしく、チンパンジーなど現生の類人猿とも異なる面がありました。

断片的な化石証拠から、さらに古い７００万年～５００万年前の猿人も、二本足で歩いていたらしいことが推測されています。しかしラミダス猿人の研究から、人類の二足直立歩行は最初から〝完成〟していたのではなく、木登りとの併用期を経て進化してきたことが明らかになってきました。

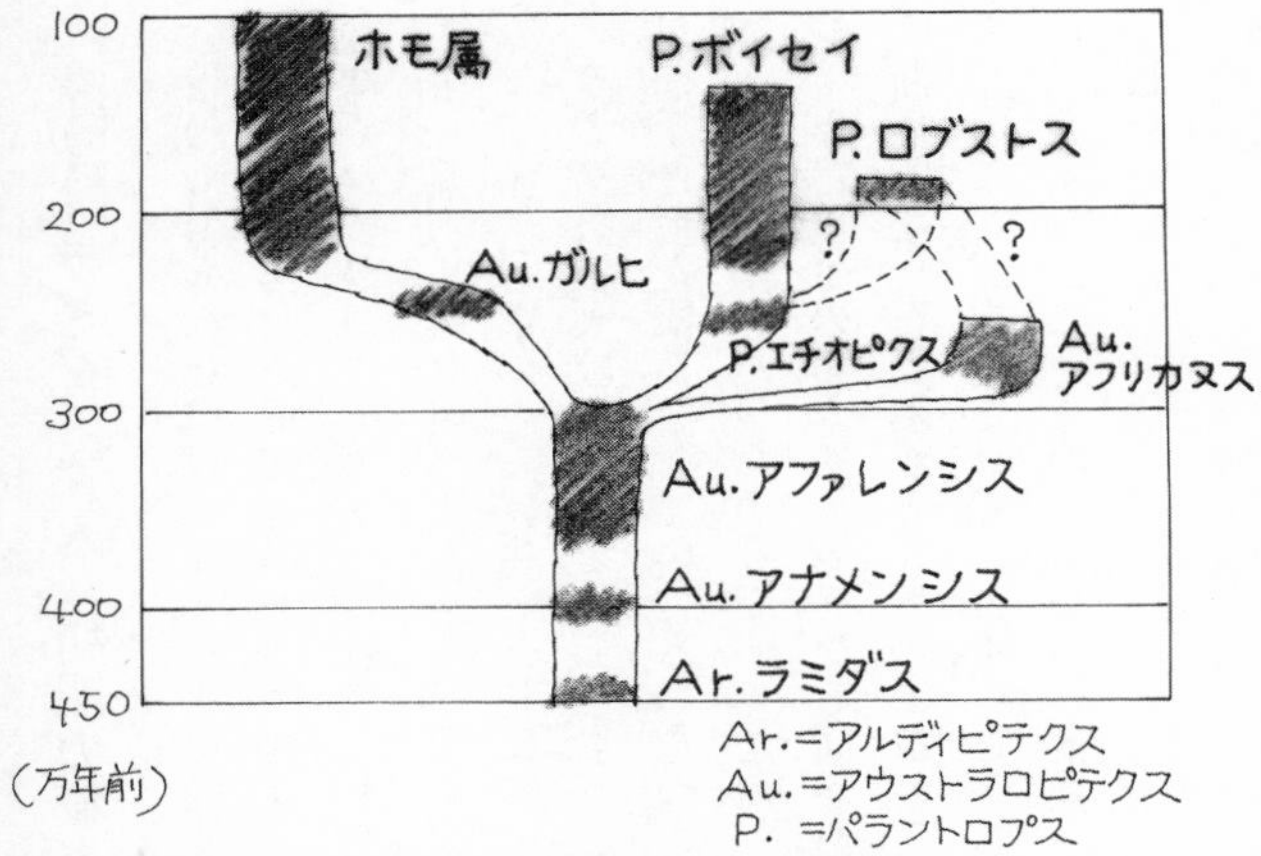

図6-7 現時点で妥当と考えられている猿人の系統樹

6.7 複雑な猿人の系統進化

アフリカの大地を二本足で歩いていた猿人たちですが、どのような仲間がいて、どのように進化したのでしょうか。ここでその分類と系統について見てみましょう。1924年の最初の発見以来、見つかった猿人化石の数は徐々に増え、これまでに猿人の複雑な系統進化の歴史が少しずつ明らかになってきています。図6-7に、現時点で比較的有力視されている系統樹を示します。

まず学名について説明しましょう。学名は「属・種」の順で連記する約束になっていますが、猿人にはアウストラロピテクス属の他に、パラントロプス属が、初期の猿人にはアルディピテクス属などが認識され、さらにそれぞれの属の中に、複数の種がいたことがわかります。ちなみに、南アフリカで発見された最初の猿人は、化石を研究したダートによって、アウストラロピテクス・アフリカヌスと命名されました。前出のエチオピアで見つかったルーシーは、アウストラロピテクス・アファレンシスに含められますし、ラエトリの足跡も、まず間違いなくこの種によって残されたものです。

それぞれの属や種の分類は、化石形態、出土地や年代、使っていた道具などを考慮して決められますが、化石形態の解釈は研究者によって異なることも多く、分類には常にさまざまな異論・異説があります。分類においていつも必ずでてくるのが、「いくつの種を認めるか」という問いをめぐる、細分派（splitter）と併合派（lumper）の対立です。細分派は、形態の細かな違いも重視して多数の種を認めようとする一方、併合派は、同種内の個体変異、つまりヒトでいう個人差や地域差の存在を重視して、種分類に慎重な姿勢を見せます。

実は、20世紀前半に人類化石の探索が盛んになりだしたころ、古人類学は細分派一色でした。新たな化石が発見されると、発見者が皆新しい種名や属名をつけたがったからです。20世紀中ごろになると、動物分類学の専門家がこの異常事態を批判するようになり、人類学者もこれを受け入れ、併合派の傾向が強まりました。図6-7の考えは、基本的にこの当時の考えを維持しながら、最近見つかった新たな化石による、新種・新属を加えたものです。ところが近年、人類の歴史はもっと複雑なものであったという主張が注目を集め、細分派の意見も再び強まってきています。

たとえばアウストラロピテクス・アファレンシスの時代に、アウストラロピテクス・バレルガザリやケニアントロプス・プラティオプスといった別系統の人類がいたという主張があります。とくに2001年に提唱されたケニアントロプス属については、支持する声もかなりあります。筆者自身はむしろ図6-7に近い考えをもっていますが、はっきりしているのは、事実を解明するにはまだ調査と研究が必要だということです。最初期の猿人については、現時点では3つの属（アルディピテクス、オロリン、サヘラントロプス）が提唱されていますが、これらはすべてアルディピテクス1属にまとめるべきとの意見もあります。

6.8 非頑丈型猿人と頑丈型猿人

図6-7の系統樹を見ると、猿人はその進化史の後半で、大きくふたつの系統に分かれたらしいことがわかります。一方のタイプは歯や顎が適度に大きいグループで、非頑丈型（華奢《きゃしゃ》型）猿人とよばれています。その代表は、アウストラロピテクス属です。これに対しもう一方は、巨大な歯と顎をもち、脳頭蓋《のうとうがい》の上にウルトラマンのような稜《りょう》を発達させ、平坦な顔つきを備えていま

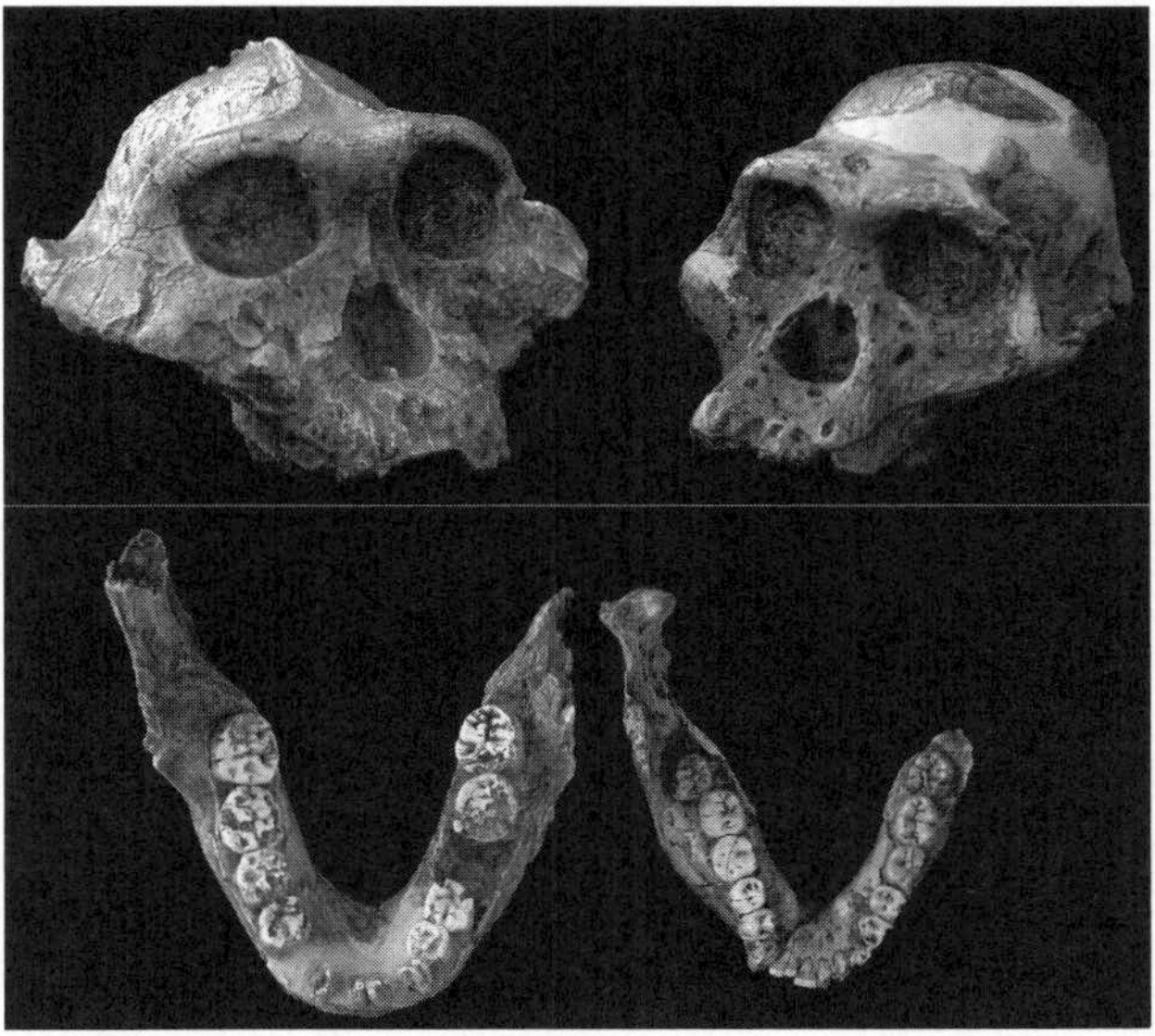

図6-8　頑丈型猿人（左）と非頑丈型猿人（右）の骨の比較

した。人類学者は、彼らを頑丈型猿人とよんでいます。

　頑丈型猿人はかなり変わった人類でした。図6-8を見てわかるように、その顎の骨の頑丈さは半端なものではありません。歯が巨大といいましたが、実は後歯（小臼歯と大臼歯）がそうである一方、前歯（切歯と犬歯）は現代人並みに縮小しています。これらは、後歯を使ってパワフルに食べ物を咬《か》むことへの適応と理解できます。実は、脳頭蓋の上の稜や平坦な顔も、側頭筋という下顎を引っ張り上げるための筋肉が極度に発達したために形成された特徴なのです。

このような頑丈型の特徴は、東アフリカで270万年前ごろから表われはじめます（パラントロプス・エチオピクス）。その後、南アフリカにも頑丈型のパラントロプス・ロブストスが現われ、東アフリカには超頑丈型ともよばれるパラントロプス・ボイセイが繁栄するようになります。

このような頑丈型猿人の特殊化には、背景として環境変動があっただろうというのが大方の見方です。つまりこのころから、地球の氷期・間氷期サイクルが顕著になり、アフリカでは気候の乾燥化傾向が強まりました。森林が減り、草原が広がる中で、果実などの食物は乏しくなり、これに代わる食物としておそらく硬いナッツ類や根茎類などを多く食し、そのために歯や顎を発達させたのが頑丈型猿人であったというわけです。

6.9　肉食をはじめた人類

一方で、同じ気候変動にみまわれた非頑丈型猿人たちのグループの一部は、どうやら動物の肉を多く食べる戦略に切り替えたようです。野生のチンパンジーやヒヒも、小型のサルやレイヨウ類などを捕らえてその肉を食べることがありますが、その量はわずかです。猿人は、その大部分の進化史において、基本的に植物食であったと推定されています。ルーシーの肋骨《ろっこつ》の破片から胸

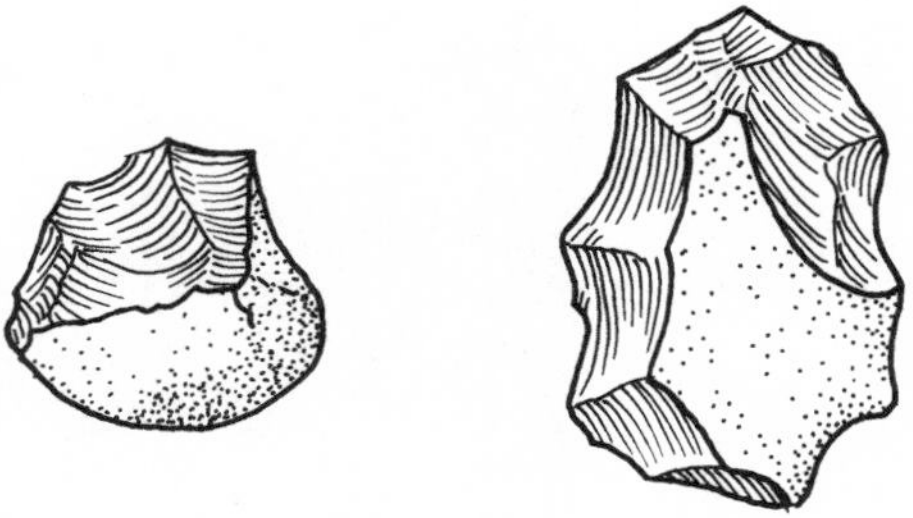

図6-9　260万年前ごろの人類最古段階の石器

郭の形を復元すると、類人猿のように腹部が膨らんでいることがわかりました。これは彼らが、草食動物の特徴である長い腸をもっていたことを示唆しています。

ところが東アフリカでは、260万年前ごろの地層から、人類最古段階の石器（図6-9）に混じって、石器による切り傷（カット・マーク）のある動物骨化石が見つかるようになるのです。石で叩《たた》いて割ったとみられる骨も見つかっています。これは、人類が骨を砕いて、中にある脂肪分が豊富な骨髄を取りだした痕跡と考えられています。

このような地層から一緒に見つかっているのは、アウストラロピテクス・ガルヒという学名をつけられた非頑丈型猿人の一種です。そして240万年前ごろになると、多数の石器とともに、脳が拡大し、歯のサイズが縮小した最初期のホモ属が現われたようです。これらのことは、末期の非頑丈型猿人が次第に肉食を多く行なうようになり、私たちのようなホモ属へと進化していったというシナリオを暗示しています。

必ずしも、彼らが肉ばかりを食べていたわけではないでしょう。しかしどうやら肉食を含む雑食へのシフトが、私たちヒトを生んだらしいのです。

6.10 頑丈型猿人の絶滅

頑丈型猿人は、かなり特殊化した人類でした。しかもその特殊性は、時代を追うにつれてますます強まっていったことがわかっています。270万年前ごろ、最初に登場した頑丈型猿人(パラントロプス・エチオピクス)は、歯の巨大化傾向や側頭筋の発達を示す一方、突顎《とつがく》が強いという原始的特徴も保持していました(図6-10)。ところが、後のタイプではこの突顎が弱まり、歯や顎の巨大化もさらに進みます。とくに東アフリカで進化したパラントロプス・ボイセイは、超頑丈型とも形容されるほど極端な進化を遂げました。

このように特殊化した頑丈型猿人は、140万年前ごろ、子孫を残すことなく絶滅してしまいました。それでは絶滅した彼らは〝進化の失敗作〟だったのでしょうか? 答えは、イエスでも

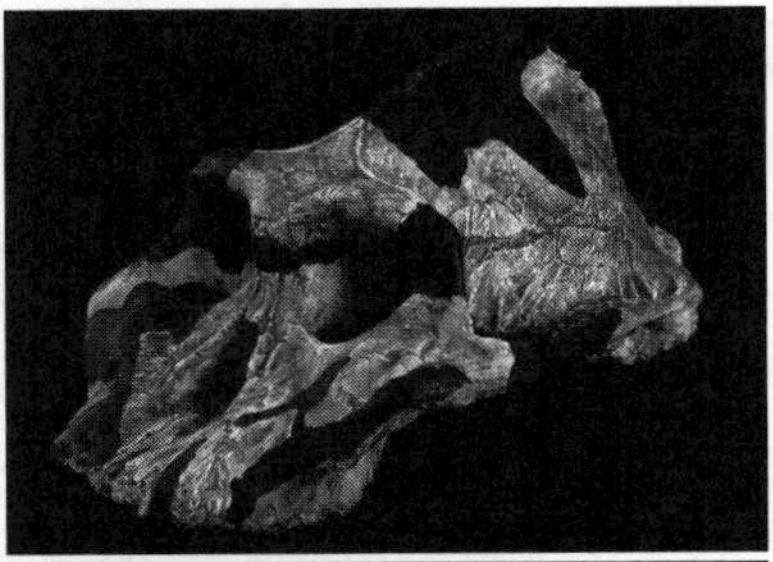

図6-10 初期の頑丈型猿人パラントロプス・エチオピクスの頭骨

ノーでもありません。生物の進化を適切に理解していれば、進化に〝正しい〟とか〝誤った〟という観点を当てはめられないことがわかりますが、そのことを少し説明しましょう。

非頑丈型猿人の一部が肉食傾向を強めたことも、頑丈型猿人が根茎類などに目をつけたことも、気候の乾燥化という環境変化への対応策として生じたものと考えられます。それでは果たしてそのときに、非頑丈型は将来の発展を意識して肉食をはじめたのでしょうか？　頑丈型は先見性がなかったから、肉食を選ばなかったのでしょうか？　もちろんそのようなことが起こるはずがありません。そうではなく、おそらく彼らの選択は、たまたま住んでいた土地の環境などに影響されたものだったのでしょう。

実際に、頑丈型猿人の選択は、決して無意味なものではありませんでした。非頑丈型猿人の一部が絶滅し、他の一部がホモ属への進化を遂げた後にも、頑丈型の系統はさらに１００万年ほどの長い期間にわたって、上述のような特殊化を強めながら繁栄を続けました。彼らが最後に絶滅した本当の原因はわかっていません。しかしいずれにせよ、図６-３を見てわかるように、非頑丈型猿人が姿を消した後も、彼らは本当に長いあいだ、第７章で紹介するヒトの祖先とともにアフリカの大地に存在していたのです。

6.11 アフリカにとどまった猿人

このように、いくつかの異なる系統に分かれ、頭骨や顔面や歯の形態を多様化させた猿人でしたが、一方で彼らは、小さな脳や小柄な体格といった共通特徴を保持していました。さらに猿人全体として、その500万年ほどの進化史の中で不変だったもうひとつの側面は、彼らがアフリカ大陸の中にずっととどまっていたということです。

中国やインドネシアなどの地域では、これまでに何度も猿人の化石が発見されたという報告がありました。しかしその後の詳しい調査の結果、それらはことごとく否定されてきました。現在までに、ユーラシア各地で相当数の遺跡が調査されていますが、信頼できる猿人の化石証拠は、これまでにひとつもでてきていません。もちろん、将来、このような状況を覆す発見がなされることを否定することはできません。しかし現状を見ると、猿人は、やはりアフリカにだけいた人類であったようです。

したがって、アフリカからユーラシアへと進出した最初の人類は、猿人以降の人類であったことになります。原人とよばれる彼らの進化について、次の章で詳しく見ていきましょう。

第７章 原人の進化とユーラシアへの拡散

7.1 人類進化の5段階？

人類は（初期の猿人→）猿人→原人→旧人→新人という段階を踏んで進化した、という説明を聞いたことがあるでしょう（最後の新人は、ホモ・サピエンス種、つまり私たち現生人類のことです）。この説明自体は大筋でそのとおりなのですが、そもそもこの仮説の根底にあった考え方には誤りがあったことが、今ではわかっています。

人類進化の段階説ともよばれるこの考えが体系化された仮説として提示されるようになったのは、１９６０年代ごろのことです。段階説では、人類の進化は基本的に一本道であり、途中での系統の分岐はなかったと予測します。つまり猿人にも原人にも旧人にも、いくつかの異なる地域集団が存在していましたが、それらはたがいに別種に進化していくことなく、各地域の人類がいわば足並みをそろえて新人（ホモ・サピエンス）へと進化していったと考えるのです。

単一種仮説は正しいか

たとえば30万年～4万年前ごろのヨーロッパや西・中央アジアには、ネアンデルタール人とよばれる独特の特徴をもった集団がいました。段階説の考えでは、アジアやアフリカにも、〝ネアンデルタール段階〟に相当する、ネアンデルタール人と多少異なってはいても基本的に同様の人類がいたと考えます。このように段階説では、どの時代にもただ1種の人類しか地球上に存在しなかったと予測しますが、この側面を単一種仮説とよんでいます。しかし1970年代以降、アフリカの化石証拠が充実してくると、これが誤っていることが、次第に明らかになってきました。

単一種仮説に決定的な終止符を打ったのは、1976年に発見された化石でした。ケニアにあるトゥルカナ湖岸で調査していた研究グループが、180万年前ごろの地層から、頑丈型猿人と原人の両方の頭骨化石を発見したのです。これで、すべての猿人の地域集団が、足並みそろえて原人に進化したという考えは崩れました。その後、猿人には複数の系統があり、そのうちどれかが原人へと進化し、他は別の道を歩んで最終的に絶滅したことがわかってきました。

現時点までにわかっている猿人の複雑な系統進化については、第6章で紹介した通りです。そしてこの章以降でさらに記していくように、原人以降の進化史も、やはり分岐と絶滅がくり返される複雑なものだったのです。私たち新人（ホモ・サピエンス）が、初期の猿人→猿人→原人→旧人→新人という段階を追って進化してきたことは確かです。しかし、そうでない歴史をたどった系統もあったのであり、人類の系統進化は、この段階的進化だけで説明しきれるものではないのです。

単一種仮説は、発達した文化をもつヒトという動物を特別なものととらえる考え方でもありました。しかしこれは行き過ぎた人間中心主義であったというのが、現在の認識です。人類も他の動物と基本的に同じで、その系統には複雑な分岐があり、現生種に進化したグループがあった一方、子孫を残さず絶滅したグループも多数あったというわけです。

7.2　最初の原人ホモ・ハビリス

第6章の最後で、非頑丈型猿人の一部グループが脳の大型化と歯の小型化を示すようになり、最初のホモ属の人類に進化したことに触れました。２４０万年前ごろのアフリカに出現したこのグループには、「器用なヒト」を意味するホモ・ハビリスという名がつけられています。本書では、このホモ・ハビリスと次に登場するホモ・エレクトスを、まとめて原人とよびます。

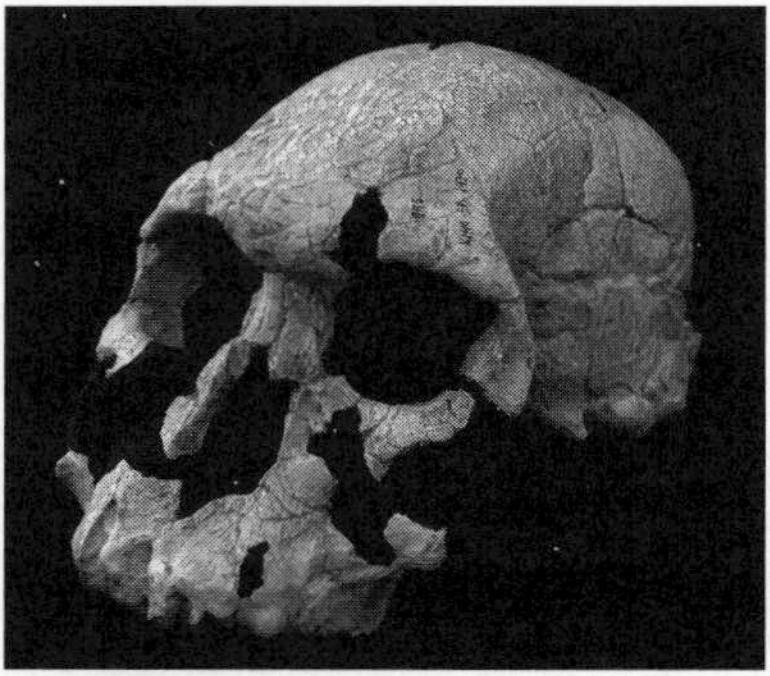

図7-1　ホモ・ハビリスの化石

ホモ・ハビリスの最初の化石は、１９６０年代初頭にタンザニアのオルドヴァイ渓谷から発見されましたが、その発見までの歴史には、ひとつの人間ドラマがありました。１９５０年ごろの時点で、アフリカからは脳容量５００㎖に満たない猿人の化石が発見される一方、インドネシアと中国からは脳容量８００～１０００㎖前後のホモ・エレクトスの化石が知られていました。つまり両者のあいだには大きなギャップが存在していたわけですが、ルイスとメアリーのリーキー夫妻が、オルドヴァイ渓谷で30年にもわたる粘り強い化石探査を続け、その結果、ついにこれを埋める貴重な発見を成し遂げたのです。

彼らが１９６４年に論文を発表したとき、発見された化石が断片的であったため、証拠不十分として、ホモ・ハビリスという新種を認めることの正当性を痛烈に批判する研究者もいました。しかし１９７０年代には、リーキー夫妻の息子のリチャード・リーキーによって、脳容量７００㎖のすばらしい頭骨化石が発見されるなど進展があり（図７-１）、現在までにホモ・ハビリスの実在は動かしがたいものとなっています。これまでに、東アフリカから南アフリカに至る地域の２４０万年〜１６０万年前の地層から、ホモ・ハビリスの化石が多数見つかっています。ルイスとメアリーにはじまるリーキー一家は、現在までに3世代にわたって東アフリカで調査を続行中で、こうした発見の多数に貢献してきました。

7.3 道具と肉食

ホモ・ハビリスとはどのような人類だったのでしょうか。７００万年〜１４０万年前にわたった猿人たちの系統では、脳容量にほとんど変化が見られませんでした。２００万年前ごろまでに、この〝停滞〟から一歩抜けだし、現代人の方向へ歩みだしたのがホモ・ハビリスです。

まずこのグループは、石器を日常的に使用するようになっていたことが明らかにされています。彼らが使用していたのは、こぶし大の礫《れき》を片手にもち、もう一方の手に握った別の石（ハンマーストーン）で何回か打ち割って刃をつけた礫器《れっき》と、打ち割りの過程で生じる小さな石の剝片でした。このような初期の単純な石器を、オルドワン型の石器とよんでいます。この名は、こうした石器が最初に大量に見つかったタンザニアのオルドヴァイ遺跡に由来します。

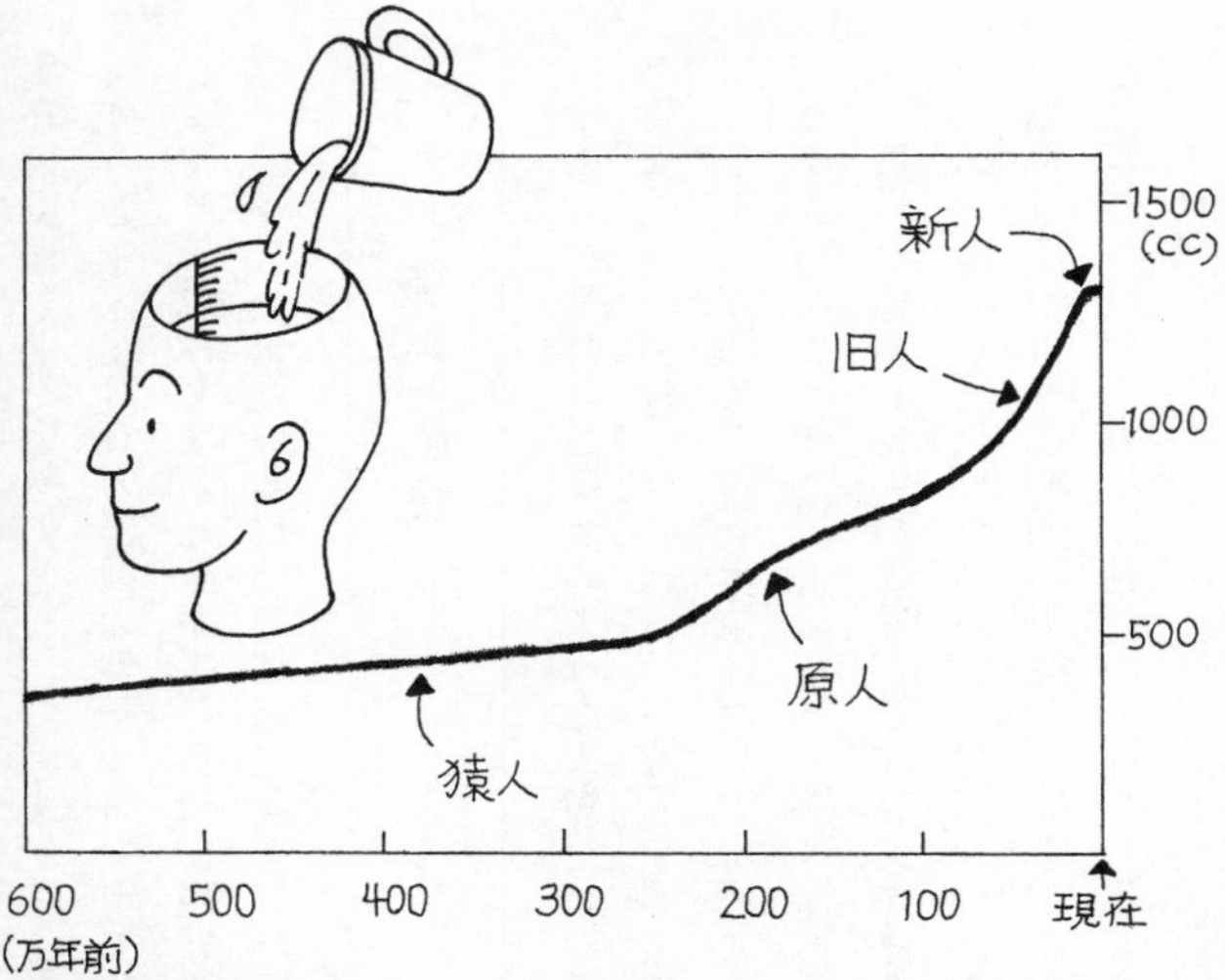

図7-2 人間における脳サイズ(頭蓋腔容積)の増大

脳容量が増したホモ・ハビリス

次に身体特徴ですが、ホモ・ハビリスの進化の一番のポイントは、なんといっても脳容量が格段に増大したことです(図7-2)。第6章で触れたように、ホモ・ハビリスにおける脳容量の増大には、肉食の割合が増して雑食化傾向が強まったことが大きく影響したと考えられています。さらに、ほぼ同期して起こった歯の縮小や顔面の繊細化もこれと深い関係があるようです。

それにしても、肉食へのシフトがどうして脳の拡大や華奢な顔面などの〝ヒトらしさ〟を生む鍵になるのでしょうか。ひとつの説明として、1995年に発表された

「高価な組織仮説」という有名な仮説があります。

脳は腸や肝臓などと並び、大きなエネルギーを食う、つまり維持費のかかる身体組織です。現代人の脳の重量は体重比にして約２％ですが、消費カロリーは20％にものぼるとされています。この〝高価な〟組織を維持するにはエネルギー効率のよい食事が必要となりますが、肉食がそれを支えた、というのがこの仮説のいわんとするところです。一方の頑丈型猿人は、ナッツや根茎類を食するための適応を果たし、気候の乾燥化を乗り切りましたが、この食事メニューは脳の拡大を制限することになったと考えられます。

ただし、これはホモ・ハビリスの進化の全体像の、あくまでも一側面の説明にすぎません。さまざまな因子が複雑に絡み合い、この最初の原人の登場が実現したというのが、多くの研究者がもっているイメージです。まず、繊維質の植物性食物の割合の低下は、歯のサイズの小型化を後押ししたでしょう（不必要に大きな組織をもつことは生体にとって損です）。先に述べたように、この時期には石器も登場していますが、石器によって食物を刻む行為も、歯の使用頻度を減らしたことでしょう。さらに、石器という新しい道具の活用、動物の肉を得るための戦略を立てる必要性、仲間どうしでの肉の分配などの一連の行動の複雑化が、さらに脳の大型化への選択圧として働いた可能性があります。

さて、この説明をするとよく聞かれる質問があります。それは「たくさん肉を食べれば頭がよくなるのでしょうか？」というものです。これはあくまでも個人の成長の話で、ここで話題にしている進化の話とは次元が違うことがわかりますね。現代社会における食糧事情は、過去とは比べ物にならないほどよいですから、ベジタリアンでも充実した生活がおくれることからわかるように、残念ながら努力なしで食事だけで頭がよくなるというわけにはいきません。

7.4 狩猟をはじめた強い人類？

ホモ・ハビリスは、肉をどうやって手に入れたのでしょう？　この答えとして「自ら狩猟した」というのが1960年代ごろまで支配的であった考えです。この当時の研究者のあいだでは、人類はその登場の初期から、狩猟を行なう強い存在であった、という考えが支配的でした。しかし最近の証拠の見直しにより、別の可能性が浮かび上がってきています。

人類の化石は、平地の堆積層に埋もれていたり、洞窟の堆積物中から見つかったりと、さまざまな状況で発見されます。一昔前の発掘調査というものがはじまったころは、このように人類の化石がでた場所は、しばしば人類が活動していた場所と解釈されました。そして、一緒に出土する破砕された動物骨は、人類が狩猟した動物を食べるために砕いたもので、中には道具として使用されたものもあると推定されたりしました。しかし研究の積み重ねの歴史とともに、1980

年代ごろには、事実をもっと慎重に解釈しようという機運が生まれます。

動物の死骸は、地表に転がった後、肉食動物に食べられたり腐敗したりし、他の大型動物に踏みつけられたり、水や風によって異なる位置に運ばれたりします。骨の風化が進む前に地層中に埋もれて保存された場合、骨は化石となりますが、この化石も土圧によってさらに破壊されていく可能性があります。

このように、動物の骨が化石化して発見されるまでの過程を研究する分野を、化石生成学（タフォノミー）とよんでいます。化石生成学の視点を通して慎重に調査を進めていくと、たとえば、１９５０年代に南アフリカの洞窟遺跡で、猿人が動物の骨で道具をつくり、ヒヒを狩猟し、さらに仲間どうしで殴り殺しあったとされた証拠は、疑わしいことがわかってきました。骨が壊れたり傷ついたりしているからといって、それが常に人類の仕業とは限らないのです。そもそも人類の化石自体も、このような過程を経て地層に埋もれるので、化石が発見された場所が活動の場所とは限りません。

ホモ・ハビリスは死肉を食べていた？

ホモ・ハビリスが肉食をはじめていたことは間違いありませんが、だから狩猟していたと断定することはできません。動物の肉を獲得するには、自ら狩猟する以外にも、「死肉あさり」とい

図7-3 肉食獣に襲われることもあった初期人類

う方法があります。現生の肉食動物たちも、いつも自分で狩りをしているわけではありません。自然死した動物でも腐敗が進む前であれば食物になりますし、ハイエナやライオン、猛禽《もうきん》類などは、しばしば他の肉食動物がとらえた獲物を横取りします。

もっと後の時代の人類が、優れた狩猟具を開発して、効率的な狩りをしていたことは間違いありません。しかし、人類が最初から高度な狩猟を行なっていた必然性はありません し、むしろそのような行動は、少しずつ発達したと考えたほうが自然でしょう。遺跡から出土する動物の骨や歯、石器などだけから、初期人類が狩猟していたか、死肉あさりをしていたかを区別するのは、実際にはたいへん難しいことです。そのため、狩猟か死肉あさりかの議論はなかなか決着がつきませんが、ホモ・ハビリスの石器がオルドワン型の単純なものであることから見て、死肉あさりが中心であったというのが多くの研究者の考え方です。

実際に、初期人類の化石を詳しく調べると、肉食動物に咬まれた痕などがかなり頻繁に見つかることがわかってきました（図７-３）。私たちの遠い祖先は、動物の肉を食べる一方、他の肉食動物の餌食になってしまうことも、おそらく少なくはなかったのでしょう。

7.5　ホモ・エレクトスの発見

ホモ・ハビリスの保存のよい全身骨格はまだ発見されていません。そのため、この人類の身長や体つきについて正確なことはまだわかっていませんが、猿人よりも少し大柄であった可能性が高いとされています。

これに対し、アフリカの１７０万年前以降の地層からは、身長１８０㎝に達する、現代人よりも大柄な人類の大腿骨《だいたいこつ》化石などが見つかっており、さらに脳容量が９００㎖に達する頭骨化石も発見されています。このホモ・ハビリスとは明らかに異なる人類こそが、ホモ・エレクトスです。

ホモ・エレクトスの最初の化石は、歴史的にはインドネシアのジャワ島で（ジャワ原人）、次いで中国の北京近郊で（北京原人）発見されましたが、その後、アフリカでも類例が見つかり、アフリカからユーラシアにかけて広く分布していた種として認知されるようになりました。

7.6 トゥルカナ・ボーイが教えるホモ・エレクトスの特徴

それは1984年のことでした。リーキー調査隊の化石ハンターとして有名なカモヤ・キメウは、トゥルカナ湖西岸の、化石が少なくあまり重要視されていなかった地域を、地面に目をやりながら根気よく歩き回っていました。そして地表に顔をだしているホモ・エレクトスの少年の前頭骨を発見したのです。早速調査隊が現地へ集合し、周囲を発掘してみると、なんと同じ個体のさまざまな部位の骨が次々と発見され、ほぼ全身の骨がそろってしまったのです。

これはその10年前に発見されたルーシーよりも格段に完全な、150万年前のホモ・エレクトスの化石でした（図7-4）。この個体が、現代人に換算すれば11歳ぐらいの少年に相当することは、主に歯の形成状況からわかりました。男の子であることは、165cmという大柄な身長などから判断されました。

トゥルカナ・ボーイとニックネームをつけられたこの少年の身長から、この時期のアフリカのホモ・エレクトスがきわめて高身長であったことが明らかになりました（成人時の推定身長185cm）。100~150cm程度の猿人と比べると格段の違いです。さらに腕が長く脚が短い猿人と比べ、少年の腕や脚の長さのプロポーションはすでに現代人的になっていました。

このように、ホモ・エレクトスはホモ・ハビリスに比べると体つきがかなり現代人に近づいた人類でした。もう猿人のような木登りはしておらず、私たちとほとんど同様に、歩いたり走ったりしていたことでしょう。

一方、この少年の脳サイズは、大人に換算するとおよそ９００mlと推定されました。突顎はある程度強く、眼窩《がんか》の上の隆起も、大人になれば強く発達するだろうと想像されるものでした。つまりホモ・エレクトスは、脳サイズを含め、頭骨にはまだ原始的な特徴がはっきりと残っていたということです。

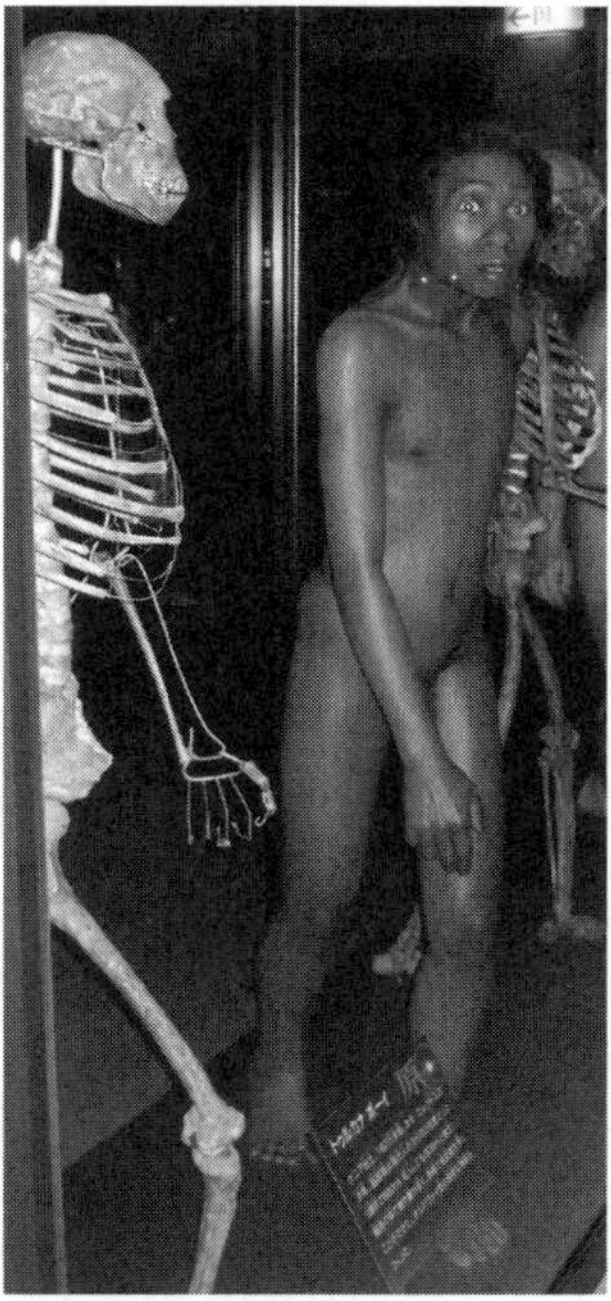

図7-4　165cmもの身長があったホモ・エレクトスの少年"トゥルカナ・ボーイ"の復元（国立科学博物館常設展示より）

7.7 古くなった出アフリカの年代

ここで視点をアフリカから外の世界へ移していきましょう。１９９０年の時点では、ユーラシア最古の人類遺跡は、イスラエルのウベイディア（１４０万年前、大量の石器が見つかっている）とジャワ島のサンギラン（１１０万年前、数多くのジャワ原人化石が見つかっている）とされていました。これにしたがって、人類学の教科書には、人類はアフリカでホモ・エレクトスが登場して数十万年経過した後に、初めてアフリカの外に進出したと記述されていました。

ところが１９９５年に、カスピ海の西側に位置するジョージアのドマニシという遺跡から１６０万年前の原人の下顎骨化石が見つかったという報告が、ネイチャー誌に掲載されました。突飛な話だったので、多くの研究者が懐疑的である中、一部の研究者は、これは予測どおりの発見だと発言しました。彼らは、ホモ・エレクトスにおける体の大型化と脳サイズの増大こそが、分布範囲を広げる要因となりうるものと考えていたのです。アフリカでは、１７０万年前には大柄なホモ・エレクトスが出現していたことがわかっていたので、彼らの予測が正しければ、人類最初の出アフリカはこのころということになります。

その後、国際的な研究チームによってドマニシ遺跡の年代が再調査された結果、１８５万年前

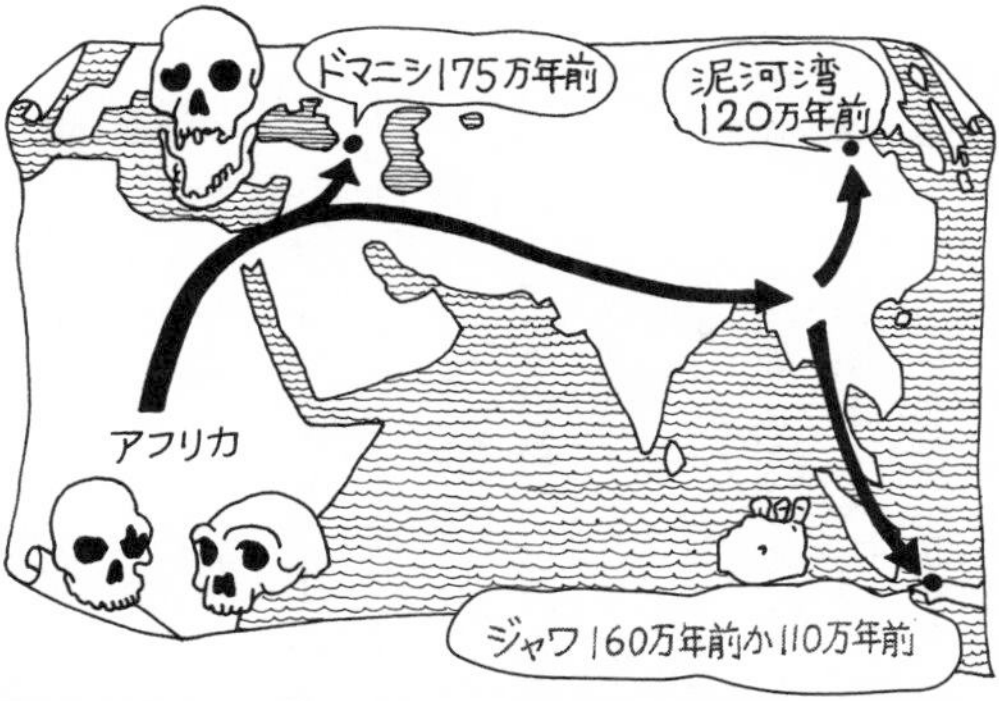

図7-5　ユーラシアへ広がった人類（2009年時点の理解）

と年代がより古いほうに修正され、同時にこの地層から、保存のよい頭骨化石が新たに2点も発見されました。一緒にでてくる石器も、やはりオルドワン型の原始的なものです。教科書の出アフリカの年代を書き換えなければならないという主張が正しかったことが、これではっきりしました（図７-５）。ところがその後、事態は誰も予測しなかった方向に展開していきます。

最初の出アフリカを成し遂げた人たち

ドマニシではさらに発見が続き、３つ目の頭骨が出土したときに、この人類は脳容量がわずか６００～８００ml程度であり、形態的にもきわめて原始的で、しかもあまり大柄ではなかったことがわかってきたのです。誰もそんなことまで予想していなかったので、２００２年にでたこの報告の後、学界は大騒ぎになりました。なんと人類最初の出アフリカは、意外にも、ホモ・ハビリスがやや進化した程度の、かなり原始的な段階で達成されていたことが明らかになってきたのです。

その古い年代にもかかわらず、ドマニシ遺跡から出土する化石の保存状態はすばらしく良好です。現時点で保存のよい頭骨化石はすでに5つを数え、体の骨も少しずつ増えています。近い将来、この遺跡からはさらに新しいニュースが飛びでてくることでしょう。

7.8 ホモ・エレクトス誕生の謎

ドマニシでの発見は、以前からくすぶっていた、ホモ・エレクトス誕生の謎に関する問題を再燃させました。この発見以前の伝統的な見解は、アフリカでホモ・エレクトスが進化し、ユーラシアへ広がったというものです（図7-5）。しかし一部の研究者は、トゥルカナ・ボーイを含むアフリカの初期ホモ・エレクトスとされる化石は、アジアのホモ・エレクトス（北京原人やジャワ原人）とは区別して考えるべきだと主張していました。

アフリカの初期ホモ・エレクトスは、眼窩上隆起の発達は適度で、むしろホモ・サピエンスを思わせるような華奢な顔面や丸い脳頭蓋をもっています（図7-6A）。ところがアジアのホモ・エレクトスでは、脳頭蓋が極端に扁平《へんぺい》で、かなり大きな眼窩上隆起を備えています。こうした特徴の違いから、彼らは、アジアのホモ・エレクトスの特徴は、アジアで進化したのであり、したがってアフリカで存続した系統（ホモ・エルガスタという名が提唱されています）とは別種とみなすべきだと考えたのです。

結論からいえば、ホモ・エレクトスという種をどう定義すべきなのか、そしてアジアのホモ・エレクトスの形質が、いつどこで進化したのか、まだはっきりしたことはわかっていません。問題をややこしくしているのは、１４０万年〜１００万年前ごろのアフリカには、やはり発達した眼窩上隆起を備えた、まさに〝ホモ・エレクトス的な〟人類が存在した証拠があることです。ドマニシの人類のようなグループがアジア方面へ進出してホモ・エレクトスに進化し、その一部がアフリカへ戻ったと考えることもできます。また、ドマニシの人類は後に絶滅し、アフリカで進化したホモ・エレクトスが再度アジアへ拡散したというシナリオもありえます。あるいは、アフリカとアジアで、頑丈なホモ・エレクトスの形質が独立に進化したのでしょうか。問題を解決するには、さらなる化石の追加発見と研究の進展を待たなければなりません。

7.9　ジャワ原人の進化

ピテカントロプスという名を聞いたことがあるかもしれません。実は、これはジャワ原人のことを指します。ジャワ原人の最初の化石は19世紀の末に発見されましたが、当時はピテカントロプス・エレクトスという学名がつけられていたのです。その後、20世紀半ばまでに、このグループはホモ属に含められることになり、現在ではホモ・エレクトスの一員となっているわけです。

ジャワ原人と一口にいいますが、その化石はジャワ島の複数の遺跡から発見されており、年代もおよそ110万年前から10万年前まで幅があります。ジャワ原人の化石（図7-6B上）は、保存のよい頭骨だけでも20個ほど見つかっていますが、その進化史についてはまだまだ謎が多く残っています。

まず、ある程度わかっていることから説明しましょう。ジャワ原人はホモ・エレクトスのひと

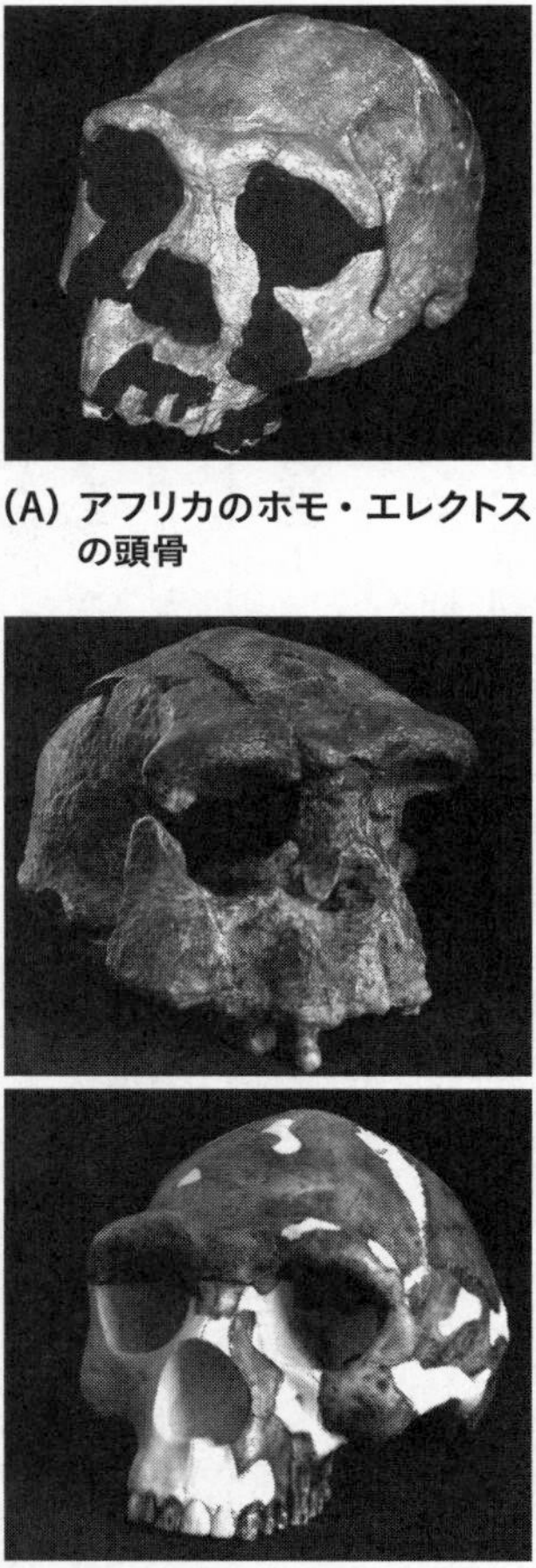

(A) アフリカのホモ・エレクトスの頭骨

(B) ジャワ原人（上）と北京原人（下）の頭骨

図7-6 頭骨化石の比較

つの地域集団とみなされますが、基本的に東南アジア地域独自の系統と考えるのが妥当なようです。たとえば北京原人とは、遠い過去にいた共通祖先から枝分かれしたわけですが、それぞれ東南アジアと中国北部という異なる地域で、独自の進化の道をたどったというわけです。

そして後で再度述べるように、ジャワ原人は、現代人、つまりホモ・サピエンスには進化せず、最終的には絶滅してしまいました。少し前の教科書には、そうではないシナリオが記述されているかもしれませんが、このことは、ここ20年ほどの研究でほぼ確実とされるようになりました。

一方で、ジャワ原人の起源については、そのほとんどが謎のままです。もっとも古いジャワ原人の化石の中には、脳サイズは小さいですが、やけに頑丈なものがある一方、華奢なものもあります。こうした事実をどう解釈し、ドマニシの人類などとどう関連づけるのかが、今後の研究の大きな課題のひとつです。

7.10　北京原人とは誰か

あなたがシナントロプスという言葉を知っているとすれば、それは北京原人の古い属名です（くり返しになりますが、今は北京原人もホモ・エレクトスに分類されています）。中国では、いくつかの地域で原人の化石が見つかっていますが、ジャワ原人の場合と異なり、北京原人というのは、1930年ごろに北京に近い周口店という場所で発見された、一連の原人化石のことだけを指します（図7-6(B)下）。一方、南京に近い和県という場所から見つかっている原人の頭骨化石は、北京原人とは形態がずいぶん異なるので、扱いを別にすべきだろうという考えがあります。

周口店で見つかった北京原人の年代は、およそ75万年前とされています。ジャワ原人とは必ずしも年代が一致していないのが、ひとつの重要なポイントです。そして、その頭骨には、ジャワ原人には見られないいくつかの独特の特徴があります。少し細かくなりますが、額の部分がコブ状に膨らむこと、眼窩上隆起の上に溝状の構造が発達すること、後頭部が狭いことなどがあげられます。

ジャワ原人化石のほとんどが、水流のある開けた場所での地層に埋もれたものであるのに対し、北京原人は、化石が発掘された洞窟内に住んでいた可能性があります。ただし、死んだ仲間を埋葬するなどの習慣はなかったらしく、北京原人のほとんどの化石は、肉食獣（おそらくハイエナ）にかじられるなどして、傷つき壊れています。そのため残念ながら、北京原人の顔面のよい化石というものが、これまでに見つかっていません。

北京原人の化石についてもっとも残念なことは、日中戦争の最中に実物の化石が行方不明になってしまったことです。太平洋戦争がはじまる直前の1941年、安全のために化石をアメリカに一時保管することが決められ、港へ輸送しようとするその過程で、化石は消えてなくなってしまったのです。その後、多くの捜索活動が行なわれましたが、化石の行方は依然わかっていません。幸いにして、F・ワイデンライヒという有能な研究者によって執筆された実物に基づく研究報告書と、当時としてはすばらしい技術で製作された模型が残っているため、現在でもある程度、化石の研究が可能となっています。

7.11　ヨーロッパ最古の人類

アフリカから東アジアへと目を向けてきましたが、ヨーロッパはどうだったのでしょうか？　アフリカを１８０万年前ごろに出た人類は、かなり早い時期に東アジアまで広がったようです。中国では１７０万年前とされる原人の歯化石が見つかっていますし、ジャワ原人の最古のグループもかなり古そうな形態特徴を示しています。

一方ヨーロッパでは、長らく50万年前より古い時代に人類が存在した証拠はないとされてきましたが、１９９０年代以降の新しい発見によって状況が変わってきました。スペインのアタプエルカ遺跡で大規模な発掘調査がはじめられ、およそ80万年前の子供の化石が発見されました。さらに２００９年には、アタプエルカから１２０万年前とされる人類の下顎骨が発見・報告され、ヨーロッパ最古の人類の年代は一気に古くなりました。

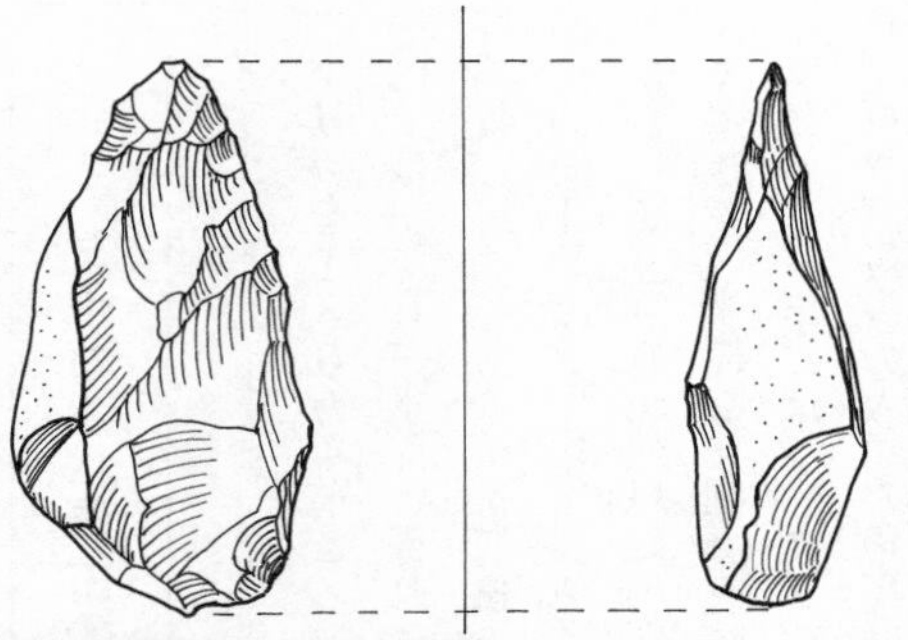

図7-7 アシュール型ハンドアックス

現在のところ、これらの人類が原人だったのか、あるいは旧人に含められるのか、はっきりしたことはわかっていません。それでも最近の状況をみるかぎり、また新しい化石が発見され、ヨーロッパへの人類進出史の実態が見えてくる日もそう遠くないかもしれません。

7.12 ホモ・エレクトスの石器

ホモ・ハビリスが使っていた石器がオルドワン型の単純なものであったことはすでに述べました。それではホモ・エレクトスはどうだったのでしょうか？　アフリカの遺跡では、170万年前ごろになると、大型で対称性のある優美な石器が見つかるようになります。中でも典型的なのがハンドアックス（握り斧《おの》）とよばれるタイプのもので、涙型をしていて石の表裏全面が加工されている点が、オルドワン型の礫器と大きく異なります（図7-7）。

ハンドアックスは、打ち割りの際に落ちる剝片でなく、打ち割られている石核《せっかく》をもとする石核石器です。この石器は、明らかにオルドワン型礫器から発展したものですが、決してホモ・エレクトスの登場とともに突然現われたというわけではなく、ある程度の時間をかけて完成されたもののようです。ハンドアックスは、170万年前以降も洗練化を続けました。ホモ・エレクトスの後に続いた旧人たちもこの石器をつくりましたが、その形態はさらに優美なものになっていきました。このハンドアックスに代表される両面加工の大型石器（図7-7）を伴う文化を、フランスのサン・アシュール遺跡の名をとってアシュール文化とよんでいます（サン・アシュール遺跡の担い手は原人ではなく旧人でした）。

7.13　孤島で進化した〝ホビット〟

原人の進化の話の最後に、最近の大発見について紹介しましょう（序章第2節も参照）。ジャワ原人の化石は、ジャワ島から見つかっています。しかしジャワ島は、過去に海面が下がった時期にはアジア大陸と陸続きになっていたので、ジャワ原人は陸地を歩いて渡ってきたと考えられます。原人には海を越えて遠くの離島へ渡る能力はなかったというのが、最近までの大方の見方でした。

しかし世の中には、常識を覆すことに執念を燃やすタイプの研究者が常にいます。そんな1人だったオーストラリアのM・モーウッドは、ジャワ島よりさらに東のフローレス島（図0-2を参照）から、古い石器らしきものが出土することに目をつけ、インドネシアの研究者との共同調査を開始しました。そして2003年に、誰も予想しなかった発見を成し遂げたのです。

彼らがリャン・ブアという洞窟の堆積層を掘っていたとき、底のほうから、原人の特徴を残しながらも、身長1mほどしかない小型の人類の骨格がでてきたのです。まず、大陸とつながったことのない島から、古い人類の化石が発見されたことが驚きでした。さらに、ある程度体格の大型化を果たした原人の仲間が、こんなに小さな体をしているというのは、まったく誰も予期せぬことでした。

実は、孤立した島では、陸上の生き物たちに特殊な進化が起こる傾向があることが知られています。これは島嶼《とうしょ》化とよばれ、大きな動物は小型化し、小さな動物は大型化して、どちらもある大きさに収斂していくのです。孤島で捕食者がいないこと、あるいは食資源の乏しいことが、この進化の背景にあると考えられています。フローレス島にも、ピグミー・ステゴドンとよばれるウシ程度の大きさのゾウ、そしてウサギの大きさのネズミの仲間などがいたことが知られていました。どうやらこの島に渡った原人のグループにも、同様の進化が起こり、劇的に矮小化した原人が生まれたらしいのです。ただしフローレス島の小型人種が原人のどのグループの子孫であるかについては、現時点で明確な答えは見つかっていません。

ホモ・フローレシエンシスという新種に分類されたこの人類は、トールキンの小説にでてくる小人〝ホビット〟の通称で、世界中の人々から知られるようになりました。ホビットの発見は、人類学者に、人類進化の歴史は本当に奥が深く、一筋縄でいかぬことを意識させました。

第8章 旧人の出現とネアンデルタール人の謎

8.1 旧人とは

アフリカで原人が進化し、200万年前頃にユーラシアへ拡散して、ジャワ原人や北京原人が登場したところまで話を進めてきました。その後今から60万年前ごろになると、脳容量も顔かたちもさらに現代人に近づいた人類が現われるようになります。このように原人と新人（＝ホモ・サピエンス、つまり私たち現生人類）との中間に位置づけられる人類を、まとめて旧人とよんでいます。旧人は新人の一歩手前まで進化した人類ですから、その進化について調べることは、私たち自身のルーツを研究することと密接に絡んでいます。

旧人といえばしばしばネアンデルタール人がその代表とみなされますが、実際にはネアンデルタール人とは、ヨーロッパを中心に分布していた旧人のひとつの地域集団にすぎません（図8-

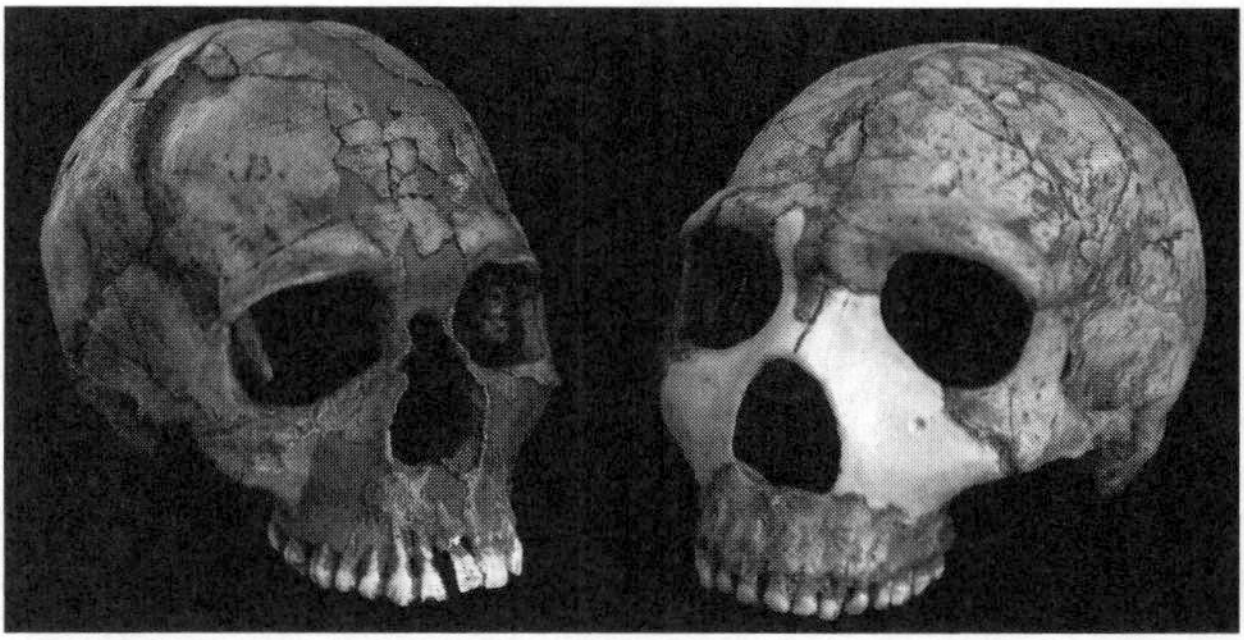

図8-1　ホモ・サピエンス（左）とネアンデルタール人（右）の頭骨

1）。つまりネアンデルタール人と旧人は同義ではなく、前者は後者の部分集合ということになります。同じころ、アフリカにもアジアにも別のタイプの旧人の集団がいたわけですが、なぜネアンデルタール人だけがかくも有名になったかといえば、学史上最初に発見された化石人類であること、骨の保存がよい遺跡に恵まれているヨーロッパから多数の化石が見つかっていること、そしてその研究も進んでいるといった理由があります。

それではアジアやアフリカにいた旧人たちは、一体「何人」なのでしょう？　実は、これまでのところとくに「〜人」というような名はつけられていません。これはまだ研究の歴史が浅いという学史上の問題によるものなので、将来アジアやアフリカの旧人たちの姿がより明確にわかってきたときには、新しい名が提案されるかもしれません。

8.2 誤っていた一時代前の旧人像

旧人の分布範囲や進化について、私たちがある程度の自信をもって答えられるようになってきたのは、実はかなり最近のことです。ここではその紆余《うよ》曲折の研究史を概観してみましょう。

歴史的に初めて見つかった旧人の化石は、ネアンデルタール人のものです。19世紀中ごろにその最初の化石が発見された当時は、病気を患って頭骨が変形した現代人のものであるなど、さまざまな珍説が真面目に議論されました。しかし20世紀に入るころまでには多数の化石が発見され、これらが古いタイプの人類のものであることが明らかになりました。

そこでどのような人類であったのかが問題になります。フランスのM・ブールは、1908年にラ・シャペローサン岩陰から見つかった全身骨格を詳しく調べ、ネアンデルタール人は現代人とひどく違っていて、醜く、野蛮であったという見解を発表しました。ブールの研究の影響力は強く、この見解は20世紀前半を通じて、多くの学者と一般社会が共有するネアンデルタール人像となりました。

一方、ヨーロッパから遠く離れたジャワ島のガンドンという場所でも、1930年代に大きな発見がありました。当時のインドネシアでは、宗主国のオランダなどから来た研究者によって地質調査が行なわれていましたが、彼らがガンドンで発掘を行なったところ、14点の人類化石（頭骨と脛の骨）が掘りだされたのです（図８-２）。これらは、19世紀末にトリニールで発見された最初のジャワ原人化石より新しい時代のもので、脳容量が大きいなど進歩的な特徴を示していました。問題は、どれほど進歩的とみなすかです。

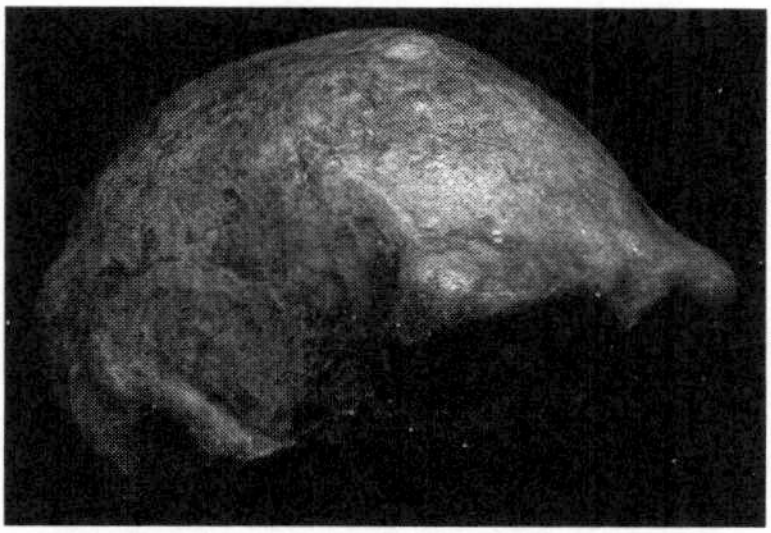

図8-2　ガンドンの化石頭骨

第７章で述べたように、20世紀中ごろには、人類の進化は世界のすべての地域で同じような段階を経て起こったとする段階説が影響力をもちました。多数のジャワ原人化石を発見したことで有名な、ドイツ出身のR・フォン・ケーニッヒスワルトは、この考えに影響されてガンドンの化石人類をネアンデルタール段階に相当すると考え、トロピカル・ネアンデルタールという洒落たよび名をつけました。つまりガンドンの化石は、この時点では旧人に位置づけられたわけです。

もうひとつの重要な旧人化石の発見は、１９２１年に、アフリカのザンビアにあるカブウェという場所でなされました。この土地の鉱山にある洞穴の奥から、１点のごつい顔をした人類の頭骨化石が見つかり（図８-３）、ロンドンへ送られました。

この化石を研究したイギリス人解剖学者は、その独特の風貌に注目し、さらに化石の年代は比較的新しいとみなし、これをアフリカでは人類進化が停滞していた証拠と考えました。

以上のヨーロッパ、アジア、アフリカの化石に対する当初の評価は、現在では誤りであるとされています。次に旧人に対する現在の理解について述べます。

図8-3 カブウェの化石頭骨

8.3 旧人はアフリカで進化した

第3章で解説したように、現在では、化石の年代を知るためのさまざまな方法が開発されています。最近、これらの手法で、過去に発見された人類化石の年代を調べ直す試みが盛んに行なわれていますが、その成果のひとつとして、後期の原人や旧人の年代の大枠がわかってきています。

まず問題の年代ですが、カブウェ人骨（図8-3）とよく似ている、エチオピアで発見されたボドの旧人化石頭骨の年代は、60万年前とされています。一方、中国で発見されている北京原人については、先に記した75万年前というのが最新の研究による年代なので、アジアの後期の原人とアフリカの旧人の生息年代には重なりがあることになります。以前は、進化の停滞の証拠とまでされたアフリカの旧人化石ですが、今では旧人がアフリカで最初に進化したことの証拠、つまりアフリカにおける進化の先進性の証拠とみなされています。

ヨーロッパについては、先に述べたとおり120万年前に人類が存在していた証拠がありますが、この時期の遺跡はまだ多くなく、60万年前ごろに大きな変化が起こったようです。このころになると、各地で石器の出土が確認されるようになり、さらにその石器も、それ以前のオルドワン型の単純なタイプだけでなく、両面加工のアシュール型の石器が出土するようになるのです。

アシュール型の石器はアフリカで最初に発展したことがわかっていますので、一部の研究者は、60万年前ごろにアフリカからアシュール型の石器をつくる別の集団がやってきて、ヨーロッパの地で人口を増やしたと考えています。図6-3には、この考えが「?」つきで表現されています。この仮説を検証するには、見つかっている人類化石の数がまだ十分ではありませんが、仮に正しいとすれば、ヨーロッパの60万年前以降の旧人はアフリカ由来ということになります。

8.4 インドネシアには旧人はいなかった?

インドネシアのガンドンで見つかった大量の人類化石が旧人の仲間と判断され、トロピカル・

ネアンデルタールとよばれた話をしました。しかしこの仮説は、化石形態にもとづく実証的仮説というより、段階説の予測に引きずられた理論的仮説に近いものでした。そこで1970年代に、アメリカの若い研究者サンタ・ルーカは、ガンドンの頭骨化石群の詳しい形態学的研究を行なってその妥当性を再検討しました。

彼はガンドンの化石を、他のジャワ原人、北京原人、中国の旧人化石、ヨーロッパのネアンデルタール人、アフリカのカブウェなどと詳細に比較し、ガンドンはネアンデルタール人とは似ておらず、基本的にジャワ原人の特徴を備えていることを明らかにしました。ガンドンの人類はホモ・エレクトスであるというこの考えは、多くの支持を集めて今日に至っています。

ガンドンの頭骨化石は、これより古い時代のジャワ原人より脳容量が大きくやや進歩的であることは間違いありません。進化の方向性という意味では、確かに古典的な原人から現代的な方向へ進んでいる側面があるわけですが、ネアンデルタール人とはあまりに形態が異なるため、同列に扱うことはできません。さらにアフリカや中国で見つかっている旧人とされる化石頭骨と比べると、頭骨が低くて前後に長く、さらに後頭骨が強く屈曲するなどの原人の特徴を色濃く残しています。

したがって、ガンドンの化石は進歩的な原人のものであるというのが、大方の見方となっています。現在のところ、ジャワ島からは旧人に含められるほど進歩的な化石人類は見つかっていません。どうやらこの地域では原人が長期間存続し、旧人は現われないまま次の新人（ホモ・サピエンス）の時代を迎えたようなのです。

8.5 ヨーロッパのネアンデルタール人

旧人の中でも、ネアンデルタール人についてはかなり多くのことがわかっています。このグループは30万年前までにヨーロッパで進化したらしく、その分布は西アジアや中央アジアにまで広がったことがあったようです。

ネアンデルタール人には、顔の正中部が前方に突出している、頭骨が前後に長く、後ろから見ると丸いなど、独特の特徴があります（実際にはこうした特徴を備えた人類をネアンデルタール人とよぶことになっています）。ネアンデルタール人の分布域は、これらの特徴を備えた化石が出土している場所を調べてわかるのです。

ネアンデルタール人が相当量の動物の肉を食べていたことは、化石骨の成分分析からも推定されています。一方で彼らがどれだけ腕のたつ狩人であったのかについては論争がありますが、木製の槍《やり》や槍先として使用した石器の存在、彼らが寒く過酷な地で生き抜いてきたことなどから、一部の研究者は彼らの技術を過小評価すべきでないと主張しています。

もうひとつ、ネアンデルタール人にはおもしろい特徴があります。現代人でも、熱帯地域の人々は細身で腕や脚がすらりと長いのに対し、寒冷地の集団はがっしりとした体型で腕・脚も長くはない傾向があります。実はネアンデルタール人は後者で、現代の極北に暮らすイヌイットのような人々と似た体型をしていたことが示されています。

暑い地域では、体熱を放散するため、体の体積に対して表面積が大きいほうが有利ですが、逆に寒冷地では、体熱の放散を防ぐため、体の表面積を減らしたほうが得です。この事情が体型の違いに現われると考えられています。ネアンデルタール人たちは、極端な寒さに適応するため、その体つきも進化させていたのです。

8.6 多様化した旧世界の人類

それでは最後に、世界の旧人についてまとめて整理してみましょう。旧人の分布範囲は原人とほぼ重なりますが、若干、ユーラシアの北方へ分布を広げたようです（図8-4）。これは旧人たちの生活技術が、寒冷地での生活を可能にするほど向上していたことを示唆しています。先に述べたように、ネアンデルタール人たちは、実際に身体的にも寒冷地に適応した特殊化を遂げていました。

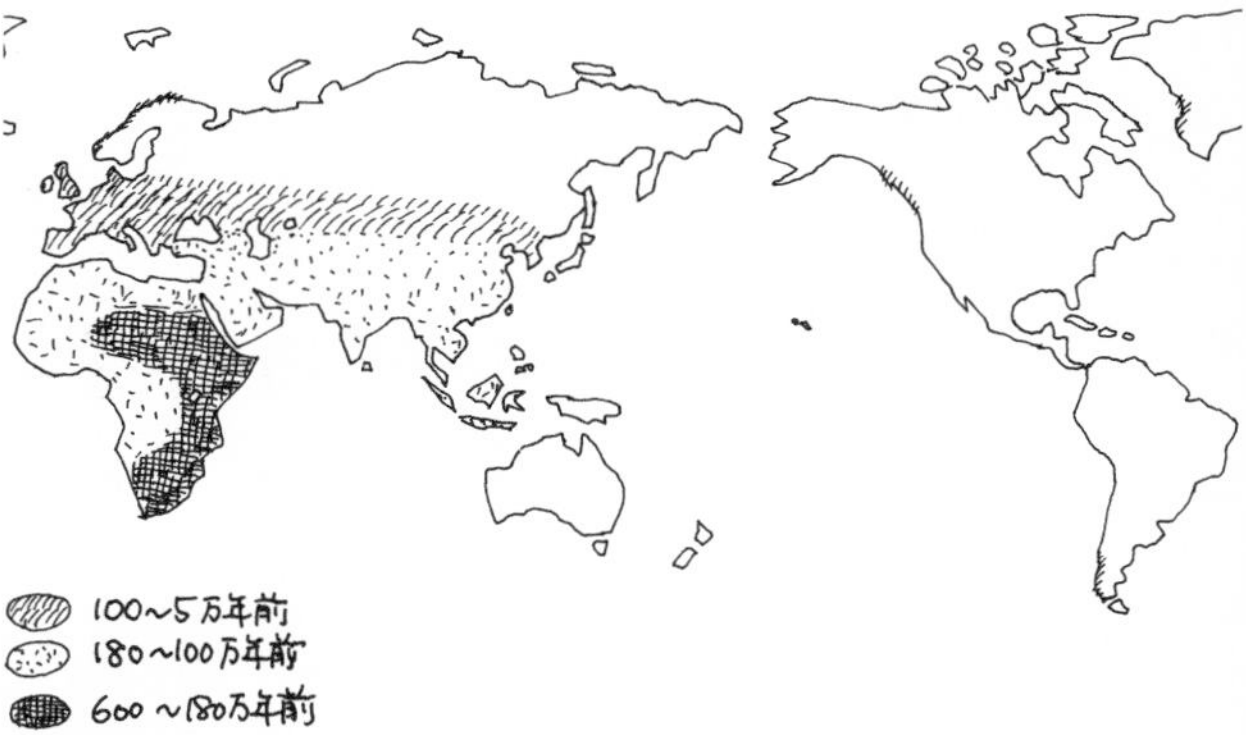

図8-4　人類の分布域の拡大（2009年時点の理解）

一方で旧人が最初に登場したのは60万年以上前のアフリカであること、インドネシアには旧人は現われなかったことを述べました。もう少し追加すると、ヨーロッパには少なくとも60万年前以降に旧人が現われ、このグループが後にネアンデルタール人に進化していったと考えられています。さらに東アジアにも旧人が出現しますが、彼らは北京原人のグループから進化したのか、あるいはアフリカから移住してきたのかまだ明確にはわかっていません（図6-3を参照）。

つまり、１００万年前以降の世界ではかなりの激変が起きたようなのです。２００万年前頃にアフリカをでた原人の集団が各地でたどった歴史は、どうやら一様かつ平穏なものではなかったようです。

まず、各地に分散した集団はそれぞれ独自の進化の道をたどるようになりました。これは生物進化の原理を理解していれば当然予測されることで、考えてみれば不思議なことではありません。インドネシアではその進化は比較的緩慢であったのに対し、アフリカではある程度急速な進化が起こりました。そして各地の集団はずっとその土地に縛られていたとは限らず、２００万年前の最初の出アフリカ以降も、何度か出アフリカや逆にアジアからアフリカへの移動がくり返された可能性もあります。

このように、技術の向上と地域的多様性の顕在化が、原人から旧人に至る進化史を特徴づけるキーワードとみなすことができそうです。

第９章 現生人類（ホモ・サピエンス）の起源

9.1 ホモ・サピエンスとは

地球上のすべての現代人は、ホモ・サピエンスというひとつの生物学的種に含まれます。人種というまぎらわしい言葉があるため、現代人は３つか５つの種に分けられるという誤解がありますが、「人種」は現代人を身体的に区別するためにつくられた曖昧な概念で、「生物学的種」とは違います（図９-１）。

さて、「現代人」といってしまうと、厳密には今生きている人々のことだけを指します。ホモ・サピエンスは私たちの祖先、たとえば縄文時代人なども含みますので、そうした広義の現代人を示すには、「現生人類」という言葉を使うことになります。現生人類はホモ・サピエンスと同義です。さらに人類進化の５段階の中の「新人」という語が、ホモ・サピエンスに対応しま

図9-1 すべての現代人はひとつの種（ホモ・サピエンス）に属している

す。

しばらく前まで、旧人はホモ・サピエンスに含めるという考えが専門家のあいだで広くあり、旧人と新人を、それぞれ「古代型ホモ・サピエンス」「現代型ホモ・サピエンス」とよんでいました。今でもこの語を用いる研究者もいますが（図1-5はこの考え方にしたがっています）、最近では多くの研究者が旧人は新人と別種と考えるようになり、後者だけをホモ・サピエンスとするようになっています。旧人の種名は定まっていませんが、ネアンデルタール人を独自のホモ・ネアンデルターレンシス種とする考えは、おおよそ一般的になっています。

過去十数年のあいだに研究者たちにこのような分類の変更を促したのが、これから解説する現生人類の起源論争です。

9.2 ネアンデルタール人とクロマニョン人：連続か不連続か

第8章でネアンデルタール人の話をしましたが、一方でヨーロッパからは現代的な風貌を備えた化石人骨も見つかっていました。いわゆるクロマニョン人です（図9-2）。

研究がはじまった初期のころから、クロマニョン人はその姿かたちが現代的であるだけでなく、多彩で精巧な石器や骨角器《こっかくき》をつくり、壁画や彫刻など優れた芸術品を残したことが知られていました。そこでまず間違いなく私たち現生人類の一員と考えられるクロマニョン人と、発達した眼窩上隆起や強く後方へ傾斜した額など、原始的風貌をしたネアンデルタール人との関係が問題になります。後者は前者の祖先であったのでしょうか、それとも違うのでしょうか。

図9-2　フランスのパトー岩陰から見つかったクロマニョン人の頭骨

第8章で紹介したように、20世紀初頭にはネアンデルタール人は〝野蛮人〟として描かれ、クロマニョン人とのつながりも否定する意見が支配的でした。ところが第二次世界大戦の終結を境に学界の空気が変わりはじめ、単純に見かけから中味を判断するのはよくないだろうとの発想から、ネアンデルタール人もかなり現代人に近い存在だったのではないか、という意見がにわかに強くなってきました。こうして力を増した連続説を体系化したものが、次に述べる多地域進化説とよばれる学説です。

9.3 多地域進化説

ネアンデルタール人とクロマニョン人の連続性を仮定する考えとはどういう仮説なのか、その全体像を整理してみましょう。この考えのルーツは、1930年代に北京原人の詳しい研究を行なったことで有名なF・ワイデンライヒにあるとされています。その後、遺伝学や進化理論の要素を取り入れてオーストラリアのA・ソーンやアメリカのM・ウォルポフらによって体系化されていったのが、1980年代以降に広まった多地域進化説です(図9-3)。

かつては多地域進化説が有力だった

多地域進化説は、簡単にいってしまえば、アフリカからユーラシアへ拡散した原人の子孫たちが、それぞれの地域で現代人にまで進化したというものです。つまりネアンデルタール人はクロマニョン人、そして現代ヨーロッパ人の祖先であり、北京原人は東アジア人、ジャワ原人はおそ

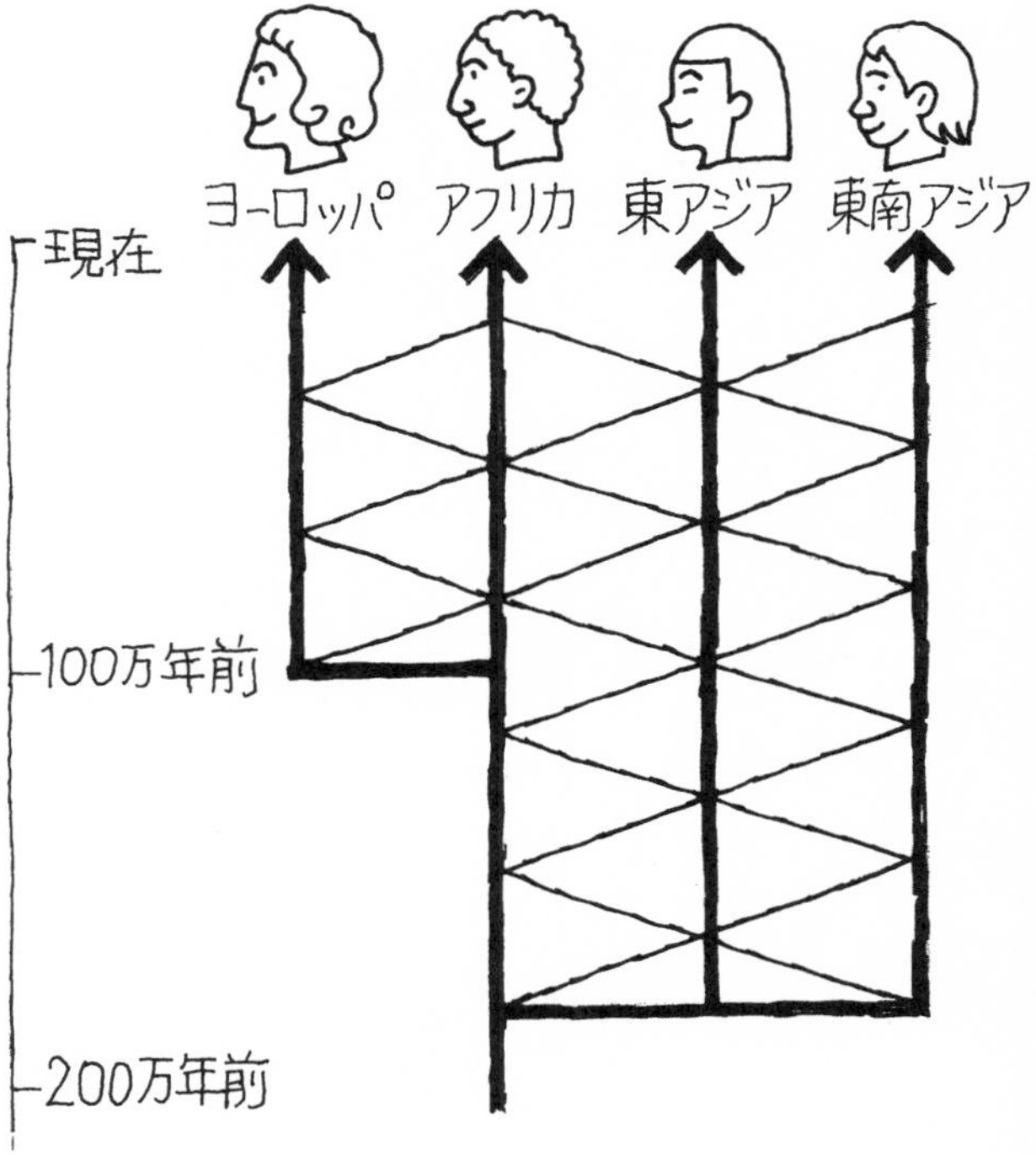

図9-3　**別名「格子モデル」ともよばれる多地域進化説の概念**
縦方向の直線は各地域での系統の連続性を示し、横方向の斜線は、隣接地域間での遺伝子流動つまり混血による一部の遺伝子の受け渡しがあったことを意味している。

らくオーストラリア先住民（アボリジニ）の祖先だろうと考えるのです。

ただし各地の原人集団が、独立に同じ遺伝子の進化を経験して別々にホモ・サピエンスになったと考えるのには無理がありますから、ある地域で生じたホモ・サピエンスへ向かう遺伝子突然変異が、隣接集団間の混血を通じて世界中へ広まり、そのために同じ遺伝子が共有されるようになったと考えます（図9-3を見ながら理解してください）。一方で地域独自の身体特徴というのは、原人の拡散当初からその地域集団に綿々と受け継がれており、集団の独自性は100万年以上にわたって維持されてきたというのです。つまり原人の最初の拡散後は、どの集団も等価で、基本的にすべての集団が絶滅することなく（小さな集団の局所的な絶滅はありえますが）、限られた遺伝子流動を介してホモ・サピエンスへと横並びに進化していったと考えるのです。

ざっと解説してきましたが、この複雑な理論を一読しただけで理解するのは簡単ではないでしょう。もし難しいと感じたら、再度じっくりと読み直してみてください。日本の教科書でも、伝統的にこの多地域進化説の考えが記載されてきました。そのため、北京原人は日本人の祖先であると説明されても、多くの人はあまり抵抗を感じないでしょう。しかし多地域進化が実際に起こるためには、ここで解説したような複雑な進化理論を想定する必要があることを理解してください。

1980年～90年代にかけて、この多地域進化説は一定の支持を集めました。しかしその後現在までのあいだに形勢はまったく変わり、ホモ・サピエンスの起源を説明する別の仮説が圧倒的に支持されるようになってきました。以下にその論争の過程を追ってみたいと思います。

9.4 アフリカに関する疑問

第8章で、カブウェの人骨化石の年代が見直され、旧人の進化がアフリカで生じたらしいという最近の見解を紹介しました。しかし、１９８０年代ごろから一部の研究者たちが再検討の必要を感じるようになったアフリカの化石は、これだけではありません。広大なアフリカ大陸からは、散発的にではありますが、旧人や新人（ホモ・サピエンス）とされる化石がいくつか見つかっていました。ただ、これらの多くは専門家の発掘によって発見されたものではないため、年代がよくわからず、解釈がうやむやにされていました。

しかし一部の研究者は、もしヨーロッパのクロマニョン人の故郷がヨーロッパでないとしたら、それがどこかを突き止めなくてはならないと意識していました。ひとつの候補は西アジアで、ここではネアンデルタール人とホモ・サピエンスの化石が異なる洞窟から見つかっており、西アジアのネアンデルタール人が現生人類へ進化したというシナリオを描かせる材料がありました。しかし他地域の状況も調べてみないことには、この仮説を検証することはできません。アフリカへ目を向けはじめたイギリスのC・ストリンガーやドイツのG・ブロイヤーといった形態学者たちは、アフリカには旧人とホモ・サピエンスだけでなく、両者の移行形と思われるものがあること、しかもその年代は意外に古そうだということを知り、ひょっとすると現生人類の起源はアフリカにあったのかもしれないと考えるようになりました。

しかし当時の伝統的な学界の考えからすれば、現生人類の起源がアフリカであるというのはあまりにも突飛な考えでした。クロマニョン人はヨーロッパでネアンデルタール人から進化したと信じている研究者もまだ大勢いたので、不確定要素の多いアフリカの化石研究からの提言は、簡単には受け入れられませんでした。

9.5 DNAの研究から火がついた論争

くすぶりはじめていたアフリカ起源の可能性は、意外な分野から強烈な援護射撃を受け、一躍論争の表舞台に登場することになりました。1987年に、アメリカのR・キャンやA・ウィルソンらが、現代人のミトコンドリアDNAの変異を調査した結果、現生人類の起源はアフリカであり、しかもその年代は約20万年前であったと発表したのです。しかもこのデータから読む限り、アフリカから拡散したホモ・サピエンス集団が各地の旧人たちと混血した証拠はありませんでした。

キャンらの論文は有名なネイチャー誌に掲載され、しかも現生人類の起源がアフリカであるという結論には意外性があったため、大きくメディアに取りあげられました。形態学者が遺伝学者からストレートパンチをくらったのは、これが最初ではありません。人類の起源の場所と年代をめぐる議論の中でも、１９６０年代に両者のあいだでの論争があり、そのときも遺伝学者に軍配が上がりました。今回の問題を単純に遺伝学 vs.形態学の論争ととらえるのは誤りですが、いずれにせよ、これは異なる分野がかみ合うことによって、研究が大きく進展することを示す好例といえるのではないかと思います。

その後キャンらの論文は、多地域進化説の主唱者らから猛烈な批判を受け、実際にその内容には若干の問題があることが指摘されました。しかし多くの研究者がさらに充実したサンプルと手法でミトコンドリアＤＮＡの研究を重ね、今では、キャンらの結論は基本的に正しいとされています（図９-４）。さらにミトコンドリアＤＮＡより解析が難しい核ＤＮＡの一部を用いた研究でも、同様の結論が導かれています。

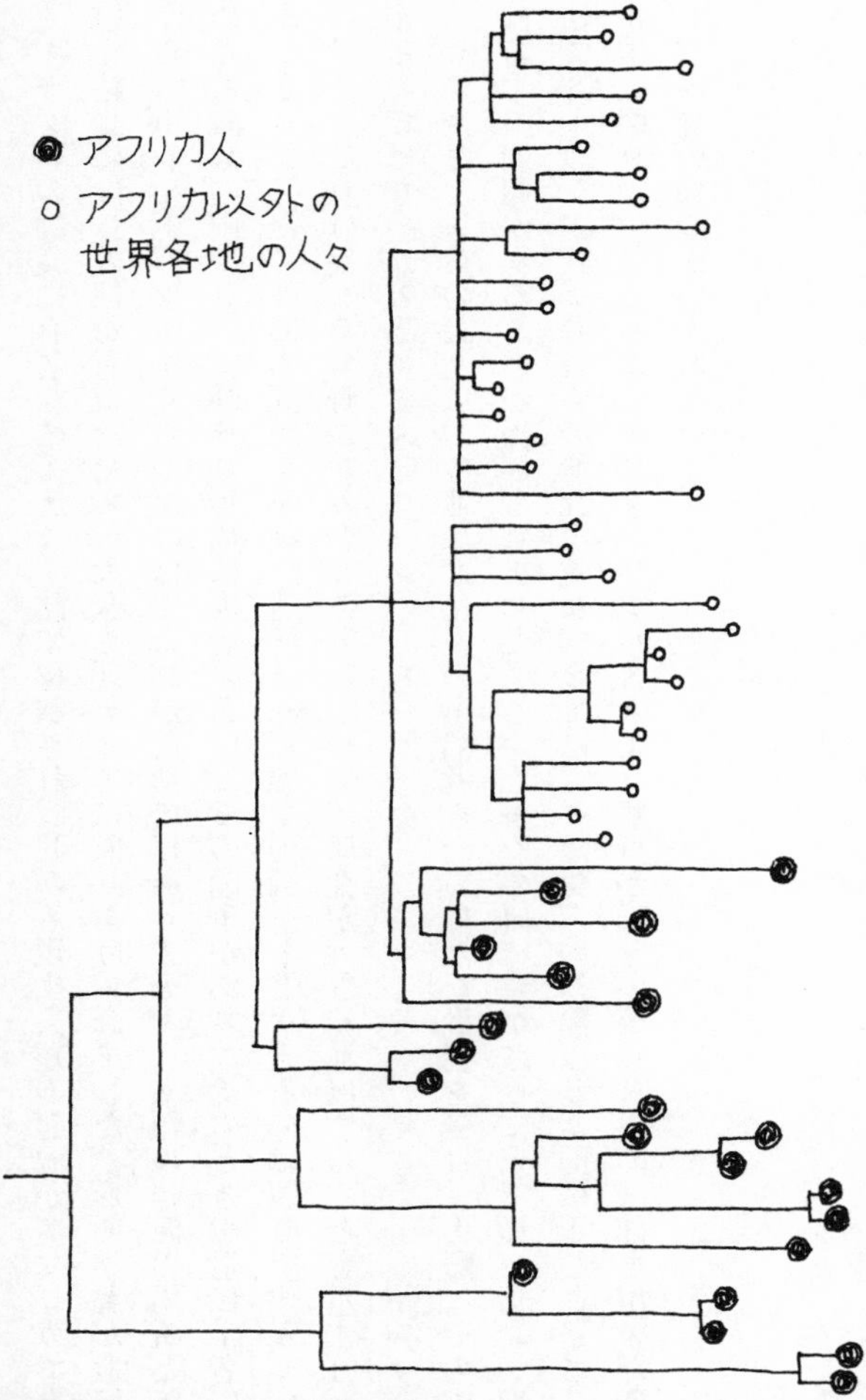

図9-4 **現代人のアフリカ起源を示すミトコンドリアDNAの系統樹**
(Ingmanら (Nature, 408:708, 2000))

9.6 逆転した西アジアの化石の年代

研究手法や研究者の解釈がいくら違っても、過去の事実はひとつです。簡単にはいきませんが、究極的にはすべての分野の研究結果がひとつの結論に収束しなくてはなりません。化石の研究においては、再検討の結果、アフリカ起源を支持する証拠が着実に増えてきました。

論争がはじまったころもっとも重要でかつ衝撃が大きかったのが、西アジアの人類化石の年代の再解釈でした。先に述べたように、この地域では、タブーン洞窟やアムッド洞窟からはネアンデルタール人、カフゼー洞窟やスフール洞窟からはホモ・サピエンスと、両方の化石が見つかっていて、この地で前者から後者への進化が起こった可能性が示唆されていました。ところが１９８０年代末以降に、熱ルミネッセンス法やＥＳＲ法といった新手法（第3章を参照）を用いていくつかの化石の年代を測ってみたところ、ホモ・サピエンス化石は10万年前ごろであるのに、多くのネアンデルタール人化石は6万年前ごろであり、新旧が予想と逆であったことがわかってきたのです。

このため、西アジアでの旧人から新人への進化という図式は成り立たなくなってしまいました。それではカフゼーやスフールのホモ・サピエンス集団とは、一体何者だったのでしょう?

当時のヨーロッパはネアンデルタール人一色の世界でしたし、中央アジアや南アジアに古いホモ・サピエンスがいた痕跡はないので、彼らの由来はアフリカにたどるのがもっとも妥当な予測となります。10万年前ごろは、気候が一時的に温暖化した最終間氷期に近い時期でした。アフリカで進化した熱帯起源の初期ホモ・サピエンスたちが、一時的に西アジアまで顔をだし、その後、氷期による寒冷化の進行とともに、この土地をネアンデルタール人に明け渡したというのが、今のところもっとも合理的なシナリオのようです。

9.7 ブロンボス洞窟：アフリカ考古学を変えた大発見

このように、現代人の起源論争は遺伝学と化石の形態学・年代学を中心に発展してきました。そして20世紀が終わるまでには、現代的な姿かたちをした私たちの祖先集団が、アフリカで進化したらしいということが次第に明らかになってきました。それでは、彼らの行動能力とはどのようなものだったのでしょうか?

実はほんの10年前まで、多くの研究者、とくにヨーロッパの旧石器考古学者たちは、現代的な行動の人類最古の証拠はヨーロッパから見つかっており、その起源も4万2000年前ごろのヨーロッパにあると考えていました。ヨーロッパには考古遺物の保存条件のよい遺跡が多数あることも手伝って、石器以外にも多様で洗練された骨角器、貝製のビーズや象牙（マンモスの牙）製のペンダントなどのアクセサリー、骨や角に刻んだ彫刻や彫像、岩壁に描いた線刻画や色彩画が多数残されています。これらは私たち現代人がもつ創造性や芸術性と共通すると考えられるもので、クロマニョン人たちは、まさに行動上の現代性を備えた人類とみなせるのです。ところがヨーロッパ以外の地域では、そうした行動上の現代性を示唆する証拠は乏しい傾向があります。ですからヨーロッパの研究者が前述のような考えをもったのも、無理はないといえるかもしれません。

ヨーロッパの人たちが現代的行動能力を先に獲得したのはなぜか

しかし現代人のアフリカ起源説の勃興は、この伝統的考えに見直しを迫りました。ホモ・サピエンスがアフリカ起源なら、なぜヨーロッパにおいて、現代的行動能力の進化が先行したのでしょうか？　創造性や芸術性や言語などは、すべての現代人が共有している能力ですが、他地域の集団では、ヨーロッパより遅れて別個にこうした能力が進化したというのでしょうか？　状況を説明するもっとも節約的で合理的な仮説は、現代的行動能力は、アフリカの共通祖先において進化したと考えることです。そしてこの予測を裏づける証拠が、アフリカ大陸の南端にあるブロンボス洞窟遺跡からついに発見されました。

ブロンボス洞窟は、インド洋に面した崖の中腹に開口している小さな洞窟です。ここで時間を

図9-5　ブロンボス洞窟から出土した線刻のある石

かけた丁寧な発掘調査を行なっていた南アフリカのC・ヘンシルウッドは、現代的行動能力の要素とされる、デザイン、アクセサリー、洗練された石器、定型的な骨角器、そして漁の証拠などを次々に発見しました。中でも重要なのは7万5000年前の地層から見つかった貝製ビーズと、石に刻みつけられた模様です（図9-5）。これらの遺物は、象徴化、つまり抽象化した概念をシンボルや記号として表わすという、私たち現代人にとってきわめて重要な能力の存在を示唆しています。ブロンボスでの発見は、ヨーロッパにおける一連の証拠よりもさらに3万年以上も古いもので、アフリカにおける行動の先進性を学界に認めさせる決定的な役割を果たしました。

実をいえば1970年代ごろから、アフリカで発掘調査を行なっていた研究者のあいだでは、アフリカでは行動上の現代性の指標となるデザインや進歩的な石器などの証拠が古くからあったという主張が、すでになされていました。しかし彼らの声は、ヨーロッパ中心の学界の中でかき消されてしまっていたのです。ブロンボスの証拠は、綿密な発掘によって誰もが認めざるを得ない証拠を突きつけたという意味で、重要な転換点になりました。今では、アフリカの他の遺跡にもそうした現代性の片鱗《へんりん》が読み取れそうだということで、研究者たちの注目が集まっています。

9.8 エチオピアからの決定的な化石証拠

このように遺伝子、化石、考古遺物の３つの側面すべてにおいて、アフリカ起源を支持する基盤が整いました。状況証拠的にはアフリカ起源説がゆるぎないものとなってきていましたが、実際には、肝心のアフリカの化石証拠は断片的で年代が不確定なものが多く、今ひとつ明確でないというのが現状でした。ホモ・サピエンスのアフリカ起源を決定づけるには、なんといっても保存がよく、年代のはっきりした化石証拠が必要です。実はそのような化石は１９９７年にエチオピアで発見されていたのですが、発見者たちが入念な研究を終えてそれを世に公表したのは、２００３年になってからでした。

２００３年のネイチャー誌において、アメリカ・エチオピア・日本の合同調査隊が、エチオピアのミドル・アワッシュにおいて、完全に近いホモ・サピエンスの成人男性の頭骨化石などを発見し、その年代が16万年前と測定されたことを公表しました。16万年前といえば、ヨーロッパにはネアンデルタール人が、東アジアにはやはり旧人が、インドネシアにはジャワ原人の末裔《まつえい》が暮らしていた時期です。ヘルト1号とよばれるこの化石は、ユーラシアに古いタイプの人類がいたころ、アフリカではすでにホモ・サピエンスが進化していたことを示す決定的な、そして待望の証拠となったのです。

9.9 論争の行方

以上のように過去20年にわたる論争を経て、現生人類の起源はアフリカにあったという考えが現在では一般的になっています。しかしこれで問題がすべて解決したわけではありません。多地域進化説支持者たちは、ホモ・サピエンスのアフリカ起源を基本的に認めながらも、ユーラシアへ拡散した彼らと在地の旧人集団のあいだには広範囲な混血があり、実際に旧人たちは絶滅したわけではないという趣旨の主張をするようになっています。この考えには、彼らだけでなく、旧来のアフリカ起源論者の一部も賛意を示しています。

実際には、骨形態には個人差というものがあるため、化石形態の表面上の類似性が混血を示すのか単なる集団内での個人差の反映なのかを区別するのは困難です。そのため、なかなか実証的な議論にはならないのですが、多くの研究者は、少なくとも原人と新人ぐらいの違いであれば、混血は十分可能であったろうというイメージをもっているようです。

遺伝学者たちの見解もこの点については割れています。一部の研究者は、少なくともミトコンドリアＤＮＡの証拠からはそうした混血の痕跡がまったく認められず、混血はまったく起こらなかったか、あったとしてもほとんど無視できる程度でしかなかったと主張しています。一方で、ＤＮＡデータの特殊な数理解析を行なうと混血の証拠が読み取れるという意見もあり、議論は平行線をたどっています。

混血があったかなかったかという議論は、まだ続くでしょう。そしてこの問題については、結局のところ、どの手法を用いても真実はわからないという結論に落ち着くのかもしれません。さらになぜ旧人たちが消滅したかという疑問についても、さまざまな回答の試みがなされるでしょうが、これには今よりももっと膨大な遺跡発掘のデータが必要になるはずです。

なお、この節は２００９年に書かれたものですが、２０１０年以降には新たな証拠が公表され、実際に混血があったことが判明しています。

第10章 複雑化する文化〜私たちホモ・サピエンスを理解する

10.1 私たちにとっての文化

私たち人間は、文化と切っても切れない関係にあります。文化は私たちの手でつくられるものである一方、生活や食習慣、さらに話す言語の種類や価値観など、私たちの行動は自身が属する文化によって縛られる側面もあります。この文化への依存度の強さ、そして文化そのものの複雑さは、なんといってもヒトの最大の特徴のひとつです。

チンパンジーの集団にも、木の実を石で叩いて割るとか、棒でアリ釣りをするといった行動が、世代を超えて知識として受け継がれていることが知られており、彼らにも限定的な意味での文化が存在するということはできます。しかしヒトの文化は、その複雑さにおいてヒト以外の動物の文化の比ではありません。

人類学の最大の目標のひとつは、このようなヒトの文化が、なぜ、どのように発展したか、その発展を可能にした生物学的基盤は何か、そしてヒトの文化の多様化を促した因子は何かといった疑問に答えることにあります。どれも容易には答えられませんが、私たち自身を理解しようと思うのなら、どうしてもチャレンジしなくてはならない大事な疑問です。そしてその答えに迫るには、人類学的視点に立って人類の歴史を復元しなくてはなりません。

10.2 生物進化と文化的変化の違い

ところで「生物学的な進化」と「文化的な変化」とは、人類史上どのように関係し合ってきたのでしょうか？　これを整理しないことには、上述の文化の謎に迫ることはできません。マクロな視点で見たとき、人類史上の文化的変化が、進化と連動していることは疑いようがありません。猿人はチンパンジーがするように初歩的な道具使用を行なっていたでしょうが、体系的に石器を製作し利用するようになったホモ・ハビリスは、脳の構造において猿人とは違っていたと予測され、現に彼らの脳容量は猿人よりも一段増大していることがわかっています。アシュール型ハンドアックス（図7-7を参照）や中期旧石器文化も、それぞれホモ・エレクトスとネアンデルタール人における進化した脳を反映しているのだと考えられます。ホモ・ハビリスに中期旧石器文化の道具製作や使用法をいくら教えても、なかなか使いこなすところまではいかなかったことでしょう。

しかし一方で、たとえば薄型カラーテレビがある現代の私たちと、まだテレビがなかった100年前の世代とのあいだで知能上の違いがあるか、つまり私たちの世代は4世代前と比べて脳が進化しているかといえば、進化理論上そんなことはまったくありえません。つまり私たちの脳にはかなりの柔軟性があって、それが前の世代からの知識を受け継いでさらに発展させることにより、今まさに目の前で起こっている技術的・社会的な激変が生じているわけです。

とすると、人類史上の文化的変化のどの要素が進化と連動していて、どの要素がそうでないのでしょうか？ 私たち現代人がもつ創造性や思考の柔軟性や予見能力や言語能力とは、いつの時点で確立したのでしょうか？

10.3 すべての起源はアフリカに？

ホモ・サピエンスの起源はアフリカにあったという現在の見解について、前の章で述べました。そして、最近までヨーロッパとされていたホモ・サピエンスの基本的な行動能力の起源の地も、どうやらアフリカであったらしいという予測について紹介しました（図10-1）。

今改めて考えると、これはきわめて合理的な仮説なのです。高い創造性や柔軟性、予見能力や言語能力といった私たちヒトの特徴は、すべての現代人集団に共有されているものです。それぞれの文化や言語や価値観が違っていても、皆芸術や音楽を有し、海のものから山のものまで多様な食資源に手をだし、複雑な文法構造をともなう言語で意思疎通を行ない、社会間ネットワークを通じて近隣集団との関係をもつのが私たちです。見かけや価値観に多少の違いはあっても、私たちは基本的にたがいの感性や嗜《し》好《こう》性を理解し合うことができます。しかし仮にチンパンジーに私たちの嗜好性を理解させようとしても、ほとんどの場合徒労に終わるでしょう。チンパンジーとヒトはそれだけ生物学的に異なっているからです。

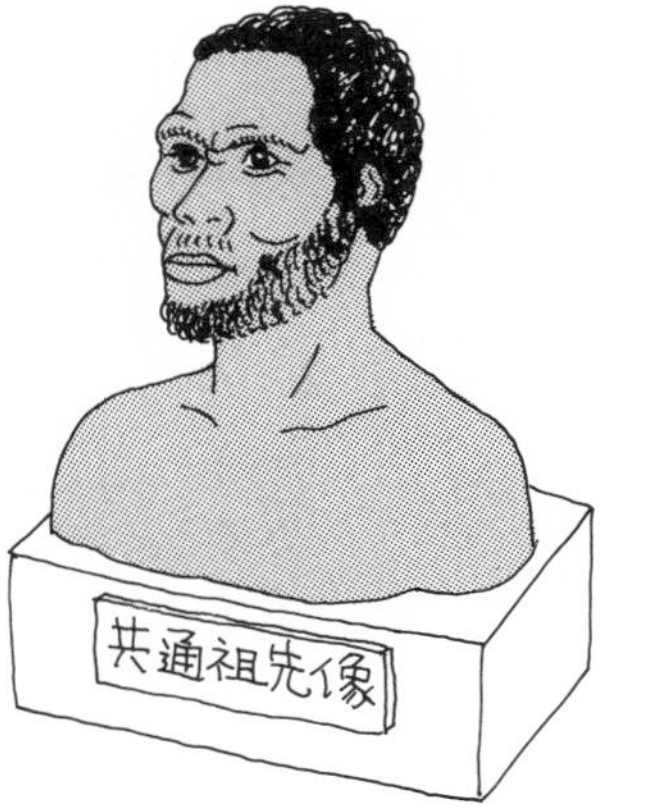

図10-1　現代人の共通祖先像
アフリカにいた私たちの共通祖先は、肌が黒かったはずだ。世界中の現代人が共有している能力は、この共通祖先においてすでに備わっていたものと考えられる。

仮にヨーロッパという一地域で現代的行動能力が進化したと考えるなら、その後、他地域の集団がどのように同じ能力を獲得したのかを説明しなければなりません。しかしアフリカの共通祖先に、こうした基本能力があらかじめ存在していたと考えると、話はわかりやすくなります。すべての現代人がこれらの能力を共有している理由は述べるまでもありません。そしてブロンボス洞窟の発見の項で紹介したように、現にこの予測を裏づける証拠が見つかってきています。

10.4 文化の多様化の起源

アフリカ起源説は、人間の文化を理解する上で、非常に重要な枠組みを与えます。今でこそ多様な文化が各地に存在するわけですが、その源は、5万年以上前のアフリカに存在したひとつの文化だったわけです。それがアフリカから世界へ拡散していった祖先たちが、異なる地域で異なる環境に遭遇し、異なる対応をしたことによって地域文化が多様化していったのでしょう。そう理解すると、もっと異文化への関心が芽生えてくるのではないでしょうか。現在だけを見ていると、私たちは異なる文化間の違いにばかり目を向けてしまいがちです。しかしその多様な文化も、ほんの5万年前にはひとつであったと理解すると、今度は異文化間の共通点にも、もっと目が向けられるようになるでしょう。

次に、旧石器時代の祖先たちがアフリカからどのように世界中へ広がったのか、彼らがその行く先々でどのような文化を築いていったのかを、駆け足で見ていきましょう。これは人類のフロンティア拡大史であり、かつ文化の多様化の歴史でもあります。その上で、なぜ一部地域だけで文明が誕生し、集団間に勢力の不均衡が生じていったのかを考えてみたいと思います。

10.5　世界に広がるホモ・サピエンス：序論

旧世界というのは、ヨーロッパ社会にとって古くから知られていたユーラシアとアフリカを指します。新世界はそれ以外の地、とくにアメリカ大陸を指す語で、ともにヨーロッパ中心主義的な発想のもとに生まれた語です。そのため使用には抵抗感を覚えるのですが、実は人類史の視点に立ってもやはりアフリカとユーラシアが旧世界で、それ以外の地は新世界ということになります。ここではその意味で、これらの語を使うことにします。

ホモ・サピエンスがいつどのように世界拡散をはじめたのかは、まだはっきりとはわかっていません。しかし、おそらく拡散がはじまったのが6万年〜5万年前ごろで、かなり急速に世界中へ広がっていったのではないかという青写真は得られています（図10-2）。

今現在、地球上のほとんどの陸地にホモ・サピエンスが暮らしています。当たり前の事実なので、このことを不思議だと思う人は少ないでしょう。しかし第6章でも触れたように、1種類の生物が、このように地球上の気候も湿度も高度も異なる多様な環境下に分布しているというの

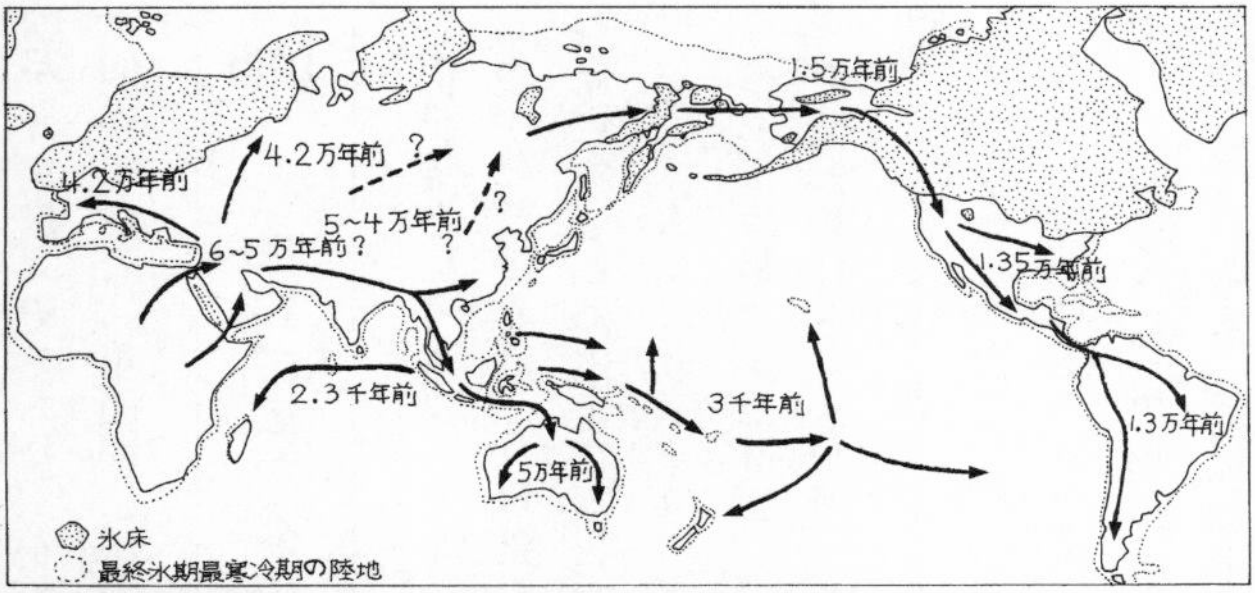

図10-2 推定されるホモ・サピエンスの拡散ルートと年代

は、きわめて異例なことなのです。ここで改めて図8-4の旧人の分布範囲を見てみると、この時点ではまだ世界の半分以上が人類のいない土地であったことに気づくでしょう。つまり私たちホモ・サピエンスとは、原人や旧人たちには越えられなかった自然の障壁を次々と突破して、ついには世界全体へ広がってしまった種なのです。

10.6 世界に広がるホモ・サピエンス：旧世界

ホモ・サピエンスの世界拡散の口火が切られたのは、まずアフリカ大陸内、そしてアラビア半島を含む西アジア地域であったはずですが、その遺跡証拠はまだほとんど見つかっていません。ここでは遺跡証拠が充実しているヨーロッパと、東アジア地域について紹介することにします。

旧世界地域へ進出した祖先たちは、各地で在来の先住集団と遭遇したはずです。その出会いがどのようなもので、最終的に在来集団は置換されたのか、ホモ・サピエンスに吸収されたのか、はっきりとしたことはまだわかっていません。ただ、ヨーロッパ地域においては、その過程がぼんやりとですが見えてきています。

ヨーロッパにクロマニョン人が現われたのは4万5000年前ごろと考えられています。彼らはこの地で、前述の後期旧石器文化を発展させました。一方でネアンデルタール人はどうであったかというと、フランス西部やスペイン南部で4万年前ごろの存在の証拠が報告されています。つまり、両者の交替は急激に起こったのではなく、ある程度の期間を経て生じたらしいのです。

一部の考古学者たちは、クロマニョン人の後期旧石器文化がなぜかくも創造性豊かであったかを、このネアンデルタール人の存在と関連づけて考えようとしています。旧人とはいえ、寒いヨーロッパの土地に長く暮らしていたネアンデルタール人は、いわば寒冷地のスペシャリストであったわけで、熱帯起源のクロマニョン人たちがいくら優れた創造性をもっていたからといっても、即座に土地を明け渡すような存在ではなかったでしょう。そこで、クロマニョン人たちが新しい文化の創造に駆られた背景には、そうしたネアンデルタール人とのあいだに生じた緊張関係があったのではないかというのです。これは、クロマニョン人の上部旧石器文化は彼らの遺伝的資質でなく環境によって生みだされたというもので、興味深い考えです。

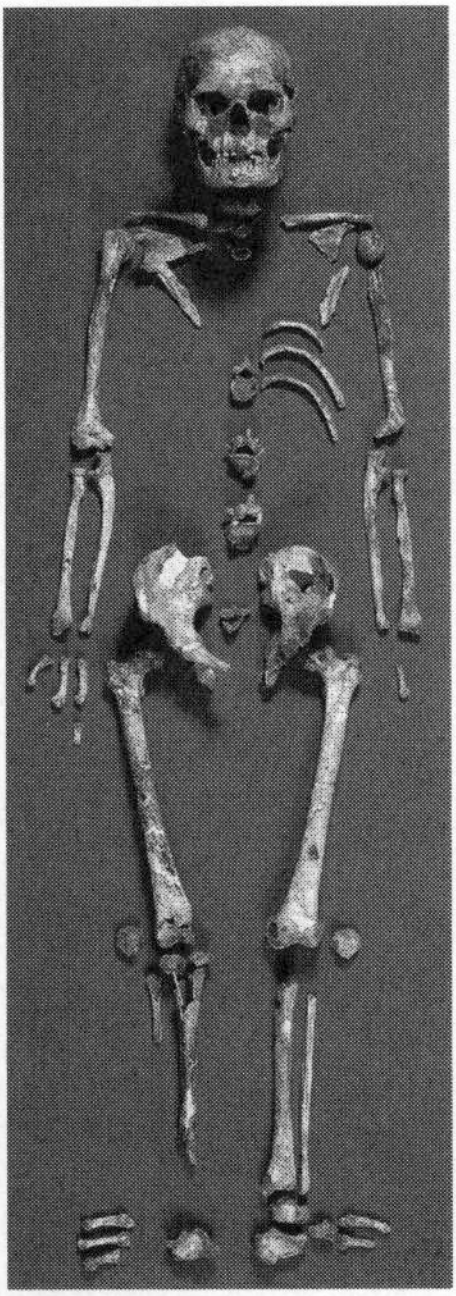

図10-3 沖縄で発見された2万1000年前の港川1号人骨

東アジア地域における文化の芽生え

一方、東アジア地域に祖先たちが進出した年代は、4万年前以前であるということ以外、まだよくわかっていません。日本列島へホモ・サピエンスが渡来したのもこのころですが、当時、日本列島に原人がいたのか旧人がいたのか、あるいはどちらもいない無人の土地であったのか、はっきりしたことはわかっていません。

日本列島を覆うローム層は化石の保存に適していないため、沖縄の港川遺跡（図10-3）などの例外を除き、古い化石人骨はあまり見つかっていません。しかし遺跡の考古学的証拠から、東アジアへ移住してきたホモ・サピエンス集団も、やはり創造性に満ちた活動を展開していたことがわかります。それは多様な石器類や、遠隔地からもよい石材を得るための地域間ネットワークが発達していた証拠、落とし穴を使った組織的な狩猟の痕跡などから類推されます。芸術活動に関しては、ヨーロッパと比べるとアジア地域全般で低調だったようです。しかしこれは、アジアへ向かった祖先たちにその能力がなかったからととらえるべきではないでしょう。2万年～1万6000年前ごろになると、東アジアでは世界に先駆けて土器が製作されるようになり、次いで土器の装飾、土偶、青銅器などの形で、独創的な芸術作品が大量に現われるようになります。旧石器時代のアジア人たちは、環境上の理由により、芸術活動にはあまり関心がなかったか、あるいは木の彫刻や地面や体に絵を描くなど、遺跡に痕跡が残らない形でそうした活動を行なっていたのかもしれません。

10.7　世界に広がるホモ・サピエンス：新世界

オーストラリアへの進出

新世界の中で一番古いホモ・サピエンス渡来の証拠があるのは、おもしろいことにオーストラリアで、少なくとも4万年〜5万年前、あるいは6万年以上前とされています。オーストラリアと東南アジアのあいだは島嶼地帯なので、オーストラリアへ到達するには、何十キロもある海を何度か越えなくてはなりません。フローレス島で見つかったホビットの話からわかっているように、原人も限られた距離の海を越えた可能性があります。しかしさらにその先のオーストラリアへ到達できた地上性の哺乳類は、流木につかまって偶然拡散したらしいネズミ類を除けば、ホモ・サピエンスだけでした。

アボリジニの名で知られるオーストラリア先住民ですが、つまり彼らの祖先は、おそらく筏のような舟を操って人類最古の大航海を成し遂げ、新天地を開拓した人々であったわけです。彼らは4万年前までにはオーストラリアの内陸部にまで到達した証拠があります。彼らがインドネシア海域にいたころは、海産物を重要な食べ物としていたはずですが、その後、オーストラリアへ到達すると、柔軟に生活戦略を変えて大陸内の各地へ拡散していったのでしょう。

アボリジニたちは、少なくとも1万年以上前から存在するすばらしい壁画の伝統をもっていますが、これは実際には渡来当初の4万年以上前までさかのぼる、ヨーロッパと並んで世界最古の壁画伝統であろうというのが、専門家のあいだでの一般的な見方です。その他、南東部のマンゴ湖遺跡からは世界最古の火葬墓が見つかっているなど、やはり世界最古級の儀礼的な行動の痕跡が知られています。

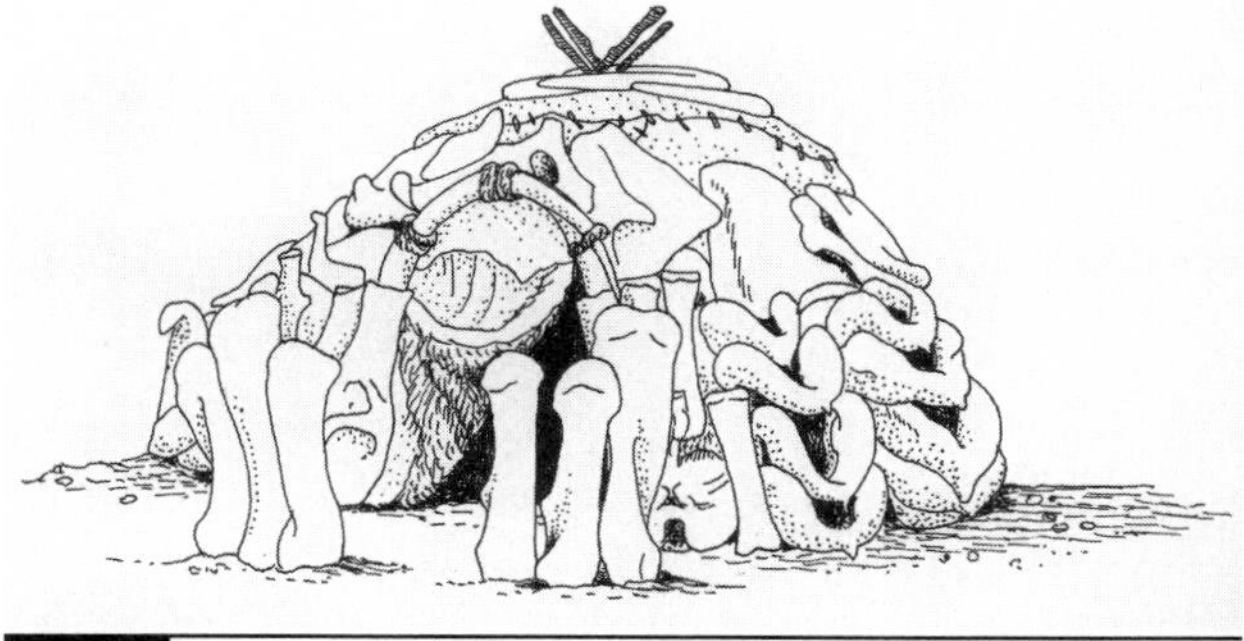

図10-4 ウクライナで見つかった1万8000年前のマンモスの骨を利用した住居の復元模型（参考：国立科学博物館常設展示）

北ユーラシアからアラスカ、アメリカ大陸、そして太平洋の島々へ

祖先たちにとっての次なるフロンティアは、寒いといってもその寒さはネアンデルタール人のいたヨーロッパの比ではない、ロシア平原とシベリアでした。現在でも、冬になればマイナス30〜マイナス40℃を下回る場所があるような地域です。しかし氷期のこの地域は、草原にマンモスやトナカイが闊歩《かっぽ》していたので、こうした動物を安定的に狩猟する技術や、寒さをしのぎ冬場の食料を保存する技術があれば、むしろ自然に恵まれた場所であったのでしょう。シベリアへの進出は、一見無謀な試みのようにも見えます。しかしひょっとすると、祖先たちは、見返りのあることにチャレンジしたというべきなのかもしれません（図10-4）。

この地への進出には、それなりの文化を発展させる必

図10-5 **ポリネシア人たちが遠洋航海に用いたカヌーの復元模型**
(参考：国立科学博物館常設展示)

要があったため、さすがの祖先たちも時間を要したようです。それでも、氷期の中で一時的に気候が和らいでいた4万年〜3万年前のあいだには、ロシア平原やシベリアの北極海沿岸に近い地域まで祖先たちが進出した痕跡が発見されています。

北ユーラシアへ到達した祖先たちは、やがて1万5000年前ごろにアラスカを経由してアメリカ大陸へと通じる道を見つけました。そしておそらくその2000年後には、なんと南北アメリカ大陸を縦断して南アメリカの先端、パタゴニアにまで到達したらしいのです。形態的にもDNAの上でもアメリカ先住民はアジア人と近縁であることが知られており、アラスカを経由したアジア起源説というのが定説となっています。

これで1万年前までにすべての大陸に人類が広がりましたが、話はまだ終わりません。台湾からフィリピン、インドネシアにかけての海域は世界でも例を見ないほど島の多い地域ですが、ここで木製の帆つきカヌーを操っていた人々が、3500年前ごろから太平洋に乗りだしました（図10-5）。彼らは天然の食資源に依存する旧石器時代の狩猟採集民とは異なり、すでにイモ類やバナナなどの栽培を行なう農耕民でした。この集団は海産物などもとりながら新たな島々を次々と発見し、1000年前ごろにハワイ、イースター島、ニュージーランドにまで至る南太平洋のほとんどすべての島々に拡散したのです。金属を用いず、海図や方位磁石ももたない彼らのこの行為は、まさに偉業というほかありません。ハワイに暮らすハワイ人たちとは、彼ら太平洋を駆け巡った人々の末裔なのです。

ホモ・サピエンスの世界拡散といってしまえば簡単に聞こえますが、その過程には、さまざまなドラマがあったわけです。石器時代人というと原始的なイメージがつきまとうかもしれませんが、そうした祖先たちの行為に思いを馳《は》せれば、そのような先入観はきっと吹き飛んでしまうでしょう。

10.8 農耕と文明の興り

これまでの世界中での考古学や人類学、遺伝学の調査研究により、上述のように織り成されてきた文明以前の歴史というものが復元されてきました。この後、一部地域で社会が急速に複雑化し、やがて都市文明が誕生します。一方で文明とまではいえないけれども、権力者が存在し一定規模の土木建築などを行なった首長社会を生んだ地域や、文明とはほぼ無縁のまま最近まで旧来の狩猟採集活動を続けていた集団もありました。このような社会の複雑性の地域差は、なぜ生まれたのでしょうか。

この疑問を人種の違いと結びつけるのが、いわゆる人種主義の主張です。しかしそのような考えは、まったく合理性をもちません。先史学の調査研究は、都市文明の興りは、農耕や牧畜、つまり食料の生産という行為と密接に関連していることを明らかにしてきました。典型的な狩猟採集経済というのは、1ヵ所にとどまらずに季節移動を続けるため、家を立派にしたり財産を蓄えたりすることもなく、社会ネットワークも比較的緩い状態で維持されます。しかし農耕にシフトすると定住傾向が強まり、重厚な家をつくったり財産を蓄えたりするようになるとともに、食料生産技術が向上して余剰食物が生じ、食料生産者以外の職人から政治家、果ては軍人に至るまで、職業の分化が生じるようになります。さらに人々が集まって村を築き、権力者が現われて治水や戦争を組織したりするようになり、そのさらなる延長線上に都市文明があると考えられるわけです。

文明化には偶然性も大きな意味をもつ

こう考えると、社会の複雑化をよぶのは、なんらかの引き金が引かれて食料生産を試みるようになるかどうかといった、偶然に左右されるものであることが理解できます。ある地域で食料生産が自発的に起こるには、有用植物が自生していて、狩猟対象動物が減るなどの引き金が引かれる必要があります。皆が狩猟採集民であった当時に、1000年後の食料生産の将来性など誰もわかるはずはないので、そのように考えてよいでしょう。栽培が自発的にはじまった地域は、少なくとも西アジア、中国、ニューギニア、中央アメリカとアンデス地域といった複数箇所があったことが確実ですが、はじまった時期や栽培化された植物は、当然ながらそれぞれ異なっています。

次に農耕文化を隣接集団から取り入れる地域が現われますが、これにも、その植物が栽培可能な地理・気候条件が整っているかという制約がかかります。東西方向に伸びるユーラシアはそうした条件に恵まれていたため、ヨーロッパも日本も、農耕を取り入れて文明社会の仲間入りをしました。しかしたとえばオーストラリアや、サハラ砂漠を挟んで南側のアフリカ諸地域では、そうした文化はなかなか伝わりませんでした。

ここまでは簡単にまとめただけですが、私たちの文化の多様化には、どういう地域に暮らしているか、祖先がどのような歴史を経験してきたかといった偶然の因子が深くかかわっていることが、最近の研究者の共通理解となってきています。文化の多様化を生んだのは、ホモ・サピエンスという種の潜在的な柔軟性や創造性にありますが、それがどう生かされるかは、本人の問題というよりは歴史の問題が大きかったといえそうです。

地域間の文化的差異は、現在でも集団間のパワーバランスと密接に関連しています。しかしもちろん、文化的（あるいは経済的・軍事的）影響力の強い国の人々が、そうでない国の人々よりも必ず幸福であるというわけではないでしょう。私たちが文化とその多様性をどうとらえ、あるいはそれを将来どのように変えていきたいと思うかは、人間とその文化に対する適切な理解を前提にしなければなりません。その上で、ここで紹介した人類史的な人間観・文化観は、欠かせないものであるといえるでしょう。

10.9 〝人種〟とは何か

ホモ・サピエンスの文化の多様化は、基本的に環境と地理、そして各地域集団が経験してきた異なる歴史に左右されてきたもので、いわゆる〝人種〟の違いにもとづくものではないことを論じてきました。それでは、〝人種〟とはそもそも何なのでしょうか？　単純化していえば、人種とは、世界各地の現代人を外見の違いによって分類したものです。たとえば東アジア人とアフリカ人、ヨーロッパ人は肌の色、体型、顔つき、髪質などにそれぞれの特徴があり、外見で容易に区別できるため、異なる人種に分類されています。

しかしここにはいくつかの落とし穴があります。まず各集団内には必ず大きな個人差があるため、各人種間に明確な境界線というものは存在しません。つまり各集団の変異は、たがいに重なり合っているわけです。さらに他の形質を広く見渡すと、たとえば血液型の集団間差のパターンもそうですが、人種区分と一致しないものはいくらでもあります。つまり人種特徴とは、外見上に現われるほんの一握りの形質による分類で、他の形質まで違うことを意味してはいないのです。

しかし往々にして、私たちは外見が違うと中身も違うような錯覚を覚えてしまうことがあります。現に、欧米において19世紀〜20世紀前半に影響力をもった人種主義の考えでは、「外見の違いが人間性の違いを反映している」と考えられていたのです。つまり人間性において〝優れた人種〟と〝劣った人種〟が存在し、それらは外見でわかるというわけです。

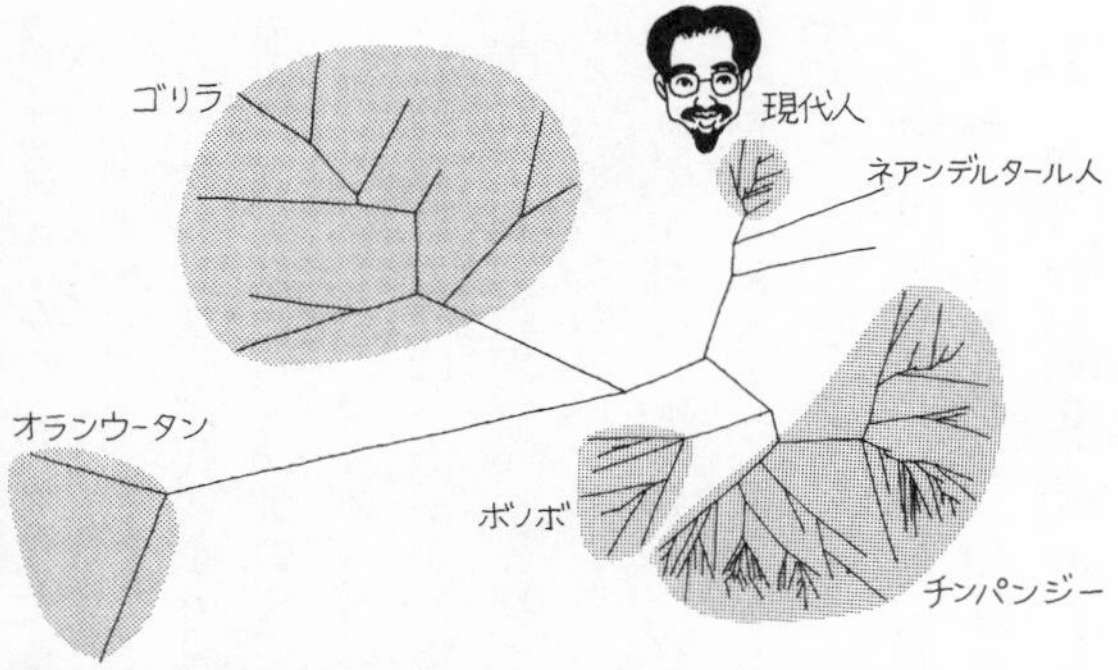

図10-6 ミトコンドリアDNAにもとづく現代人と現生類人猿の遺伝距離（Gagneuxら（PNAS, 96 : 5077, 1999））
現生類人猿の種内変異に対して、現代人の変異がごく限られたものでしかないことがわかる。

人種間の違いが生じる理由

実際には、外見上の〝人種特徴〟の違いの多くは、現在では、異なる環境に対する適応進化として説明できることがわかっています。たとえば赤道付近の集団で肌の色が濃いのは、メラニンという色素が多いせいですが、メラニンには浴びすぎると害を及ぼす紫外線を吸収する機能があるので、日射量の多い低緯度地域では、褐色の肌は適応的なのです。さらに細身で四肢が長い体つきも、体の体積当たりの表面積を増す効果があるため、熱帯では体熱を放出して体温の上がりすぎを防ぐのに有利です。一方、寒い高緯度地域では、太めで四肢が短い体つきのほうが、体熱が逃げにくく、適応的なのです。このような人種特徴は、もしくホモ・サピエンスが世界拡散を遂げた後、もしくはその過程で進化したと考えられます。しかし人種特徴が環境に対する適応なのであれば、知性などの他の形質までも人種間で違うという考えの根拠は失われます。

これに関して興味深いのが、図10-6に示す、ミトコンドリアDNAの多様性のパターンです。外見の違いが大きいので、私たちは人種の遺伝的な違いも大きいと想像しがちですが、実際には現代人どうしの遺伝子の違いは、ごく限られたものでしかありません。ヒトと近縁な類人猿たちは、ヒトのような外見上の大きな変異を見せませんが、その遺伝的変異はヒトの何倍も大きいことに注目してください。もちろんこれは、現生類人猿たちが長い進化史をもっているのに対し、ヒトはごく最近に共通祖先から分化した新参者であることを反映しているわけです。

さて、20世紀後半以降の人類学の進展により、人種概念は以上のような修正をうけましたが、それでも過去に存在した人種偏見は、今なお一般社会に根強く残っています。いくら人類学者が声を上げても、〝人種〟という言葉にはどうしても誤解がつきまとうため、この言葉の使用を止めようという意見も強くあります。非人道的差別と表裏一体の歴史をもつこの語を、私たちは少なくとも的確な理解なしに使わないよう、注意したいものです。

第11章 日本列島人の変遷

11.1 日本列島人の生きてきた時間と空間

日本人とはどんな人々なのでしょうか。「日本という国の国民」という答えが常識的なところでしょう。ところが、国家としての日本は7世紀ごろに成立したとされているので、1400年足らずの年齢しかありません。弥生時代や縄文時代には、日本は存在していなかったのです。ただ、この国の名前を用いた「日本列島」は、ユーラシア大陸とくっついたり離れたりすることはあるものの、数十万年以上前から存在しています。そこで、日本人ではなく、「日本列島人」の歴史を考えるほうが、人類の歴史の中では妥当だと思われるので、本章ではこの名称を用います。最近では「ヤポネシア人」という名称も使われています。

日本列島の地理的位置を図11-1に示しました。この美しい弓なり形は環太平洋造山帯の一部

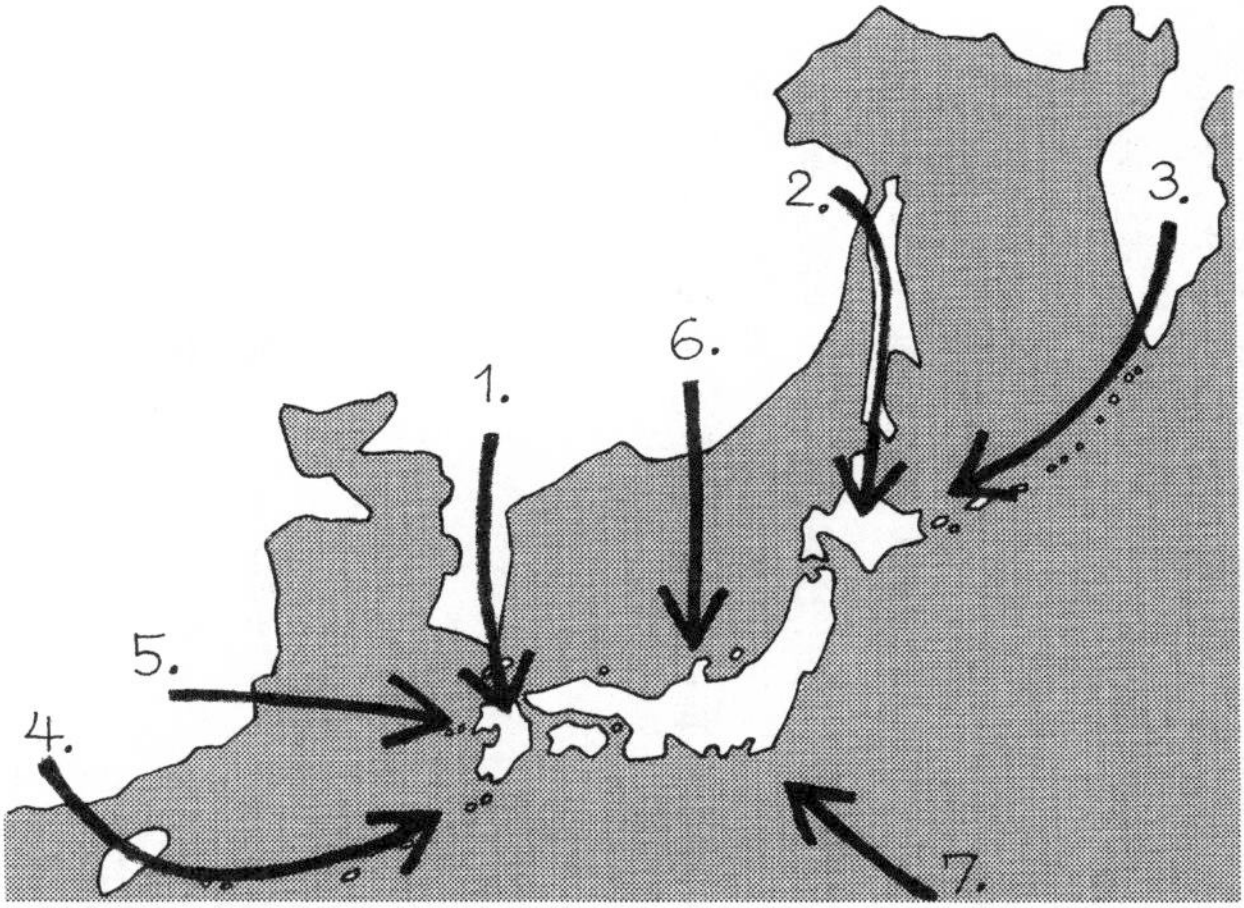

図11-1 日本列島の空間的位置

であり、北は千島列島とアリューシャン列島、南は琉球列島に続いています。ユーラシア大陸とは、朝鮮半島およびサハリン島を介してつながり、一方で弓は大きく太平洋に張りだしています。このような地理的位置にあるため、日本列島にはさまざまな人間がユーラシア大陸から移動してきて住み着きました。日本列島人はこのような重層構造をもっていると考えられます。

日本列島への7つの渡来ルート

この地理的構造から、人間が日本列島にどのような経路で渡ってきたのかを考えてみましょう。日本列島に地理的に近接するのは、まず朝鮮半島です。ここを通る道を経路1（図11-1）とします。次にユーラシア大陸と日本列島をつなぎやすいのは、サハリン島経由の経路2です。経路3はカムチャツカ半島から千島列島を渡る道です。南に目を転じると、民俗学者柳田國男の提唱した「海上の道」でも知られる、琉球列島や台湾島を通る経路4があります。以上の4経路に比べると海を渡る必要距離が長くなるので、より最近、おそらく弥生時代以降になって重要性が増したと思われるのは、中国本土が東に張りだした現在の上海のあたりからの、東シナ海を渡る経路5です。また、日本海の対岸である沿海州から日本海経由で日本列島に来る経路6もあります。最後は、太平洋側からの経路7ですが、大航海術をもっていたポリネシア人の影響が日本列島まであったのかどうかはわかっていません。

日本列島中央部の時代区分

日本列島をめぐる空間の次に、時間を考えてみましょう。時代区分は地域によって異なるので、日本列島を北部、中央部、南部の3地域に分けてみます。図11-2に、これら3地域の歴史年表を示してあります。中央部は本州、四国、九州の3島を中心としますが、日本列島中央部の歴史区分は、21世紀の現在からさかのぼってゆくと、現代（明治以降）、江戸時代、戦国室町時代、鎌倉時代、平安時代、奈良時代、飛鳥時代という、1500年ほど経過した歴史時代が存在します。それより前の先史時代は、古墳時代（約1500年～約1700年前）、弥生時代（約

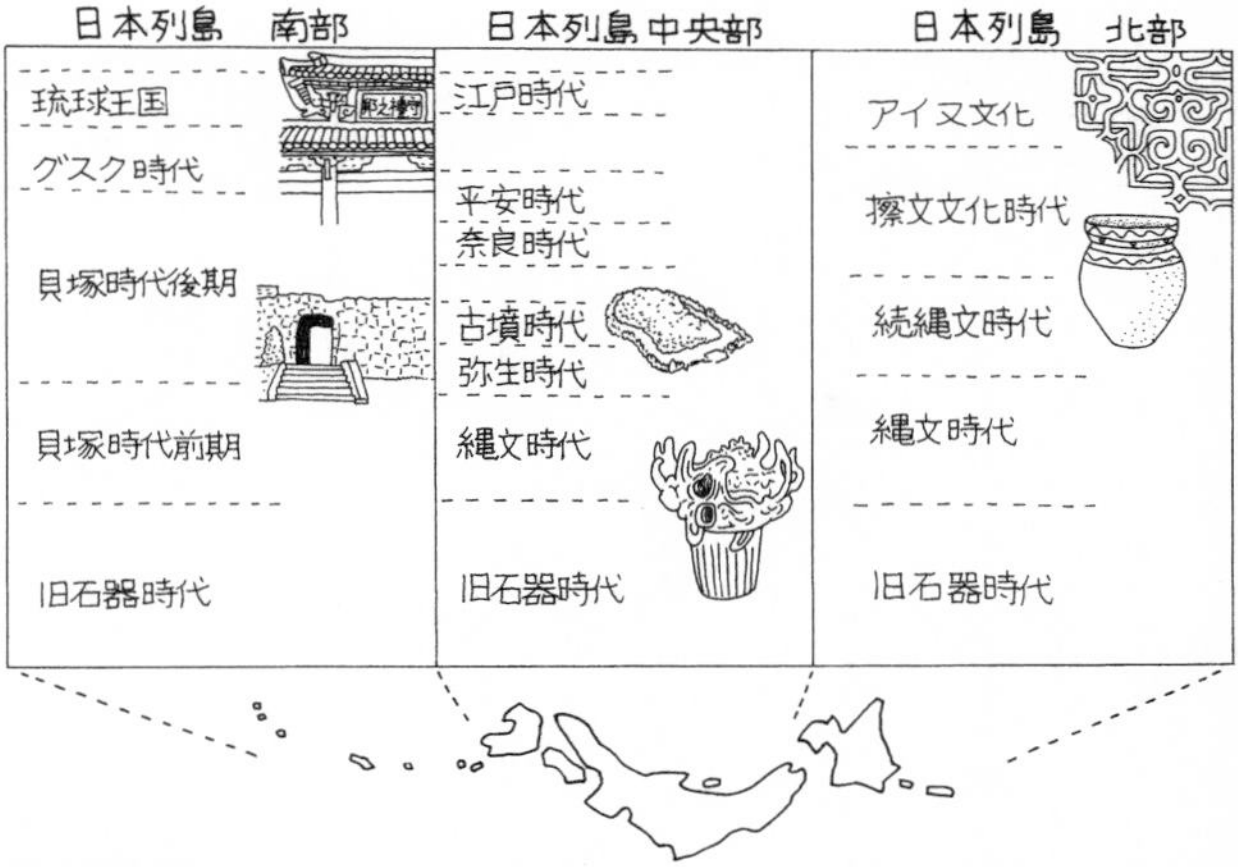

図11-2　日本列島人の歴史年表

１７００年〜約３０００年前）とさかのぼり、３０００年ほど前に縄文時代が終わっています。なお、従来、縄文時代から弥生時代への移行は２４００年〜２５００年ほど前だと推定されていましたが、最古の弥生土器に残る放射性同位元素炭素14の量を測定した最近の研究では、弥生時代のはじまりが５００年ほどさかのぼって、３０００年前と推定されました（序章第３節を参照）。年代推定の方法については第３章を参照してください。

　弥生時代から現在までがわずか３０００年であるのに比べると、縄文時代は約１万６０００年前から１万数千年続きました。一般に、人間の活動は現代に近づくほど活発になっているため、時代区分も過去にさかのぼるほど、ひとつの時代が長くなる傾向があります。縄文時代は通常、草創期、早期、前期、中期、後期、晩期の6時代に分けられています。そうして1万6000年前以前になると、土器のない旧石器時代になります。日本において旧石器時代がいつはじまったのか、つまり人間が最初に日本列島に到来したのがいつごろであるのかについてははっきりしていませんが、3万年前以降の遺跡から、日本列島全体に旧石器が発見されるので、少なくとも3万年前、おそらく5万年前ころにはすでに人間が日本列島に住み着いていたと考えられます。

なお、少し前までに刊行された日本の旧石器時代に関する書籍には、日本列島における最古の旧石器が20万年~30万年以上前にさかのぼるという記述が多く見受けられますが、2000年に毎日新聞が旧石器の捏造をあばいて以来、日本列島の人間史は5万年以前にさかのぼることが困難となっています。

日本列島南部と北部の時代区分

日本列島の南と北では、中央部とは少し異なる歴史が存在します。琉球列島では、政治的に中央部に合併される以前は、琉球王国(1429年~1879年)が存在していましたが、それ以前の歴史時代は、中央部の鎌倉時代のはじまりごろに対応するグスク時代からはじまります。グスクとは、沖縄語で「城」を意味します。グスク時代は15世紀ころまで続きますが、その前は貝塚時代です。日本列島中央部と異なり、弥生時代と縄文時代の明確な区別がないため、中央部の縄文時代にほぼ対応する時代を貝塚時代前期、2000年前ごろから800年前ごろまでを貝塚時代後期（中央部では弥生時代後期～平安時代に対応）といいます。

北海道を中心とする日本列島北部も、中央部とは異なった歴史をもちます。中央部の室町時代のころにアイヌ文化が確立しましたが、その前は擦文《さつもん》文化時代でした。北海道北部ではオホーツク文化の影響もありました。擦文文化時代の前は続縄文時代であり、その前は縄文時代です。

言語文化と樹木の文化

次に日本列島における文化の多様性について考えてみましょう。日本列島中央部には、日本語を母語とする人々が保ってきた、いわゆる日本文化が、少なくとも弥生時代以降続いています。日本語を含めて、おそらく縄文時代からの文化の流れも一部受け継いでいる可能性があります。一方日本列島北部では、江戸時代以降、アイヌ語を母語とするアイヌ文化が見られますが、明治以降にシャモ（日本列島中央部の人間を指す）が北海道に進出したことにより、急速にアイヌ文化は縮小してきました。縄文、続縄文、擦文、アイヌという考古学的連続性から、アイヌ文化は縄文時代以来の流れを汲《く》むと考えられています。日本列島南部には、日本語と明らかに近縁な琉球語を母語とする人々の琉球文化があります。琉球語は一般には日本語の方言のひとつとされていますが、両者の違いはイタリア語とスペイン語の違いよりももっと大きいので、ここでは別の言語としました。なお、日本語と琉球語のグループは、アイヌ語や朝鮮語とかすかな近縁関係があるという考え方があります。

日本列島における文化圏としては、言語以外に、気候に左右される樹林の分布に対応した、照葉樹林文化とブナ林文化が提唱されています。照葉樹林とは、温帯に分布する常緑広葉樹林の一種であり、シイ、カシの木が代表的です。日本列島では主として西日本に分布し、稲作が導入された弥生文化以降の日本文化を特徴づけるとされてきましたが、近年、日本文化における縄文時代からの連続性が重要視されるにしたがい、縄文時代に人口が集中していたとされる東日本に分布するブナ林帯の存在も重要視されています。

11.2 日本列島人の成立に関する通説

現在の日本列島に住んでいる人々と、さまざまな時代の人々のあいだにどのような関係があるのかについては、昔から多数の説がありますが、大きく以下の3種類の考え方に分かれます。

（1）置換説：日本列島に渡来した第一の移住者の子孫は先住民であり、それとは系統の異なる第二の移住者の子孫が現在の日本人である。

（2）混血説：日本列島に渡来した第一の移住者の子孫に、それ以降の移住者が混血をして、現在の日本人となった。

（3）変形説：日本列島に渡来した第一の移住者の子孫が、時間的に変化して現在の日本人となった。

置換説について

置換説は、江戸時代末期に発表されたフランツ・シーボルトのアイヌ説が最初です。シーボルトは日本の研究を志しましたが、ドイツ人であるので長く日本にいることはできませんでした。そこで、当時唯一日本と貿易が可能だったオランダ人と偽ることで日本に滞在することができました。なお、彼の息子も日本の研究をしたため、両者を区別するために、父を大シーボルト、息子を小シーボルトとよぶことがあります。大シーボルトは、アイヌの人々がかつては日本列島全体に生息していた先住民の子孫であり、一方現代本土日本人は、日本神話に登場する天孫降臨《てんそんこうりん》族が大陸から渡来したものの子孫であるとしました。その後、この考え方は先史時代人骨の研究を行なった小金井良精《よしきよ》によっても支持されました。

明治初期に、いわゆるお雇い外国人教師として、帝国大学（現在の東京大学）で動物学を教えた米国人エドワード・モースは、考古学にも興味をもち、大森貝塚を発見しました。その発掘結果をもとにして、日本列島にはアイヌの人々の祖先とは別の先住民がいたという説を提唱しました。これはプレ・アイヌ説とよばれますが、モースは晩年にはシーボルトと同じ、アイヌが日本列島の原住民だったというアイヌ説に変わっています（寺田、1981）。

日本人類学会を創始した坪井正五郎は、このプレ・アイヌ説に似通ったコロポックル先住民族説を唱えました。コロポックルとは、アイヌの民話にでてくる身長の低い人のことです。この説は現在では学史にのみ残っているだけですが、後に佐藤さとるの『だれも知らない小さな国』をはじめとするコロボックル物語という童話の名作を生みました。

ある地域において人類集団が置換すること、つまり完全に人間が入れ替わることは、実際に例があります。カリブ海のキューバ島には現在多数の人々が住んでいますが、かつての先住民の系統はすべて死に絶えたとされています。日本列島でも、全体の集団が置換とはいえないものの、過去に置換があった可能性はあります。たとえば、沖縄からは2万年ほど前の港川人が発見されていますが、彼らと現代沖縄人が系統的につながっているのかどうかは、わかっていません。

混血説について

日本人の起源に関する混血説は、明治初期に日本で医学を教えたドイツ人のエルヴィン・ベルツが最初に唱えました。まずシーボルトの考えを受け入れて、アイヌ人が北部日本を中心に分布した先住民族であるとしました。次に日本人を長州型と薩摩型とに分け、前者は中国東北部や朝鮮半島などの東アジア北部から、後者はマレー半島などの東南アジアから移住した先住民の血を色濃く残していると考えたのです。ベルツはまた、アイヌ人と沖縄人の共通性を指摘しています。これはアイヌ沖縄同系論として、その後の日本人の二重構造説などにつながっていきます。

日本人研究者として混血説を最初に唱えたのは、明治の中ごろから第二次世界大戦後まで長く活躍した鳥居龍蔵《りゅうぞう》です。鳥居は主として考古学的、民族学的な知見から混血説を提唱しました。混血説を主張した研究者は多数います。大正時代に縄文時代の貝塚遺跡から出土した多数の人骨を比較した清野謙次《きよのけんじ》、第二次世界大戦後に北九州や山口県の日本海側の遺跡から大量の弥生時代人骨を発掘調査した金関丈夫《かなせきたけお》、1980年代に主として人骨の比較解析から日本人の二重構造説を推し進めた埴原和郎《はにはらかずろう》と山口敏《びん》、遺伝子データからそれを補強した尾本恵市《けいいち》（血清タンパク質と赤血球酵素）、宝来聰《さとし》（ミトコンドリアDNAとY染色体）、徳永勝士《かつし》（HLA（ヒト白血球抗原））が代表的です。

変形説について

日本人の起源に関する第三の考え方が変形説です。日本列島に渡来した第一の移住者の子孫が現在の日本人であり、過去と現在の時代差は、同一集団の変化にすぎないとします。長谷部言人《ことんど》

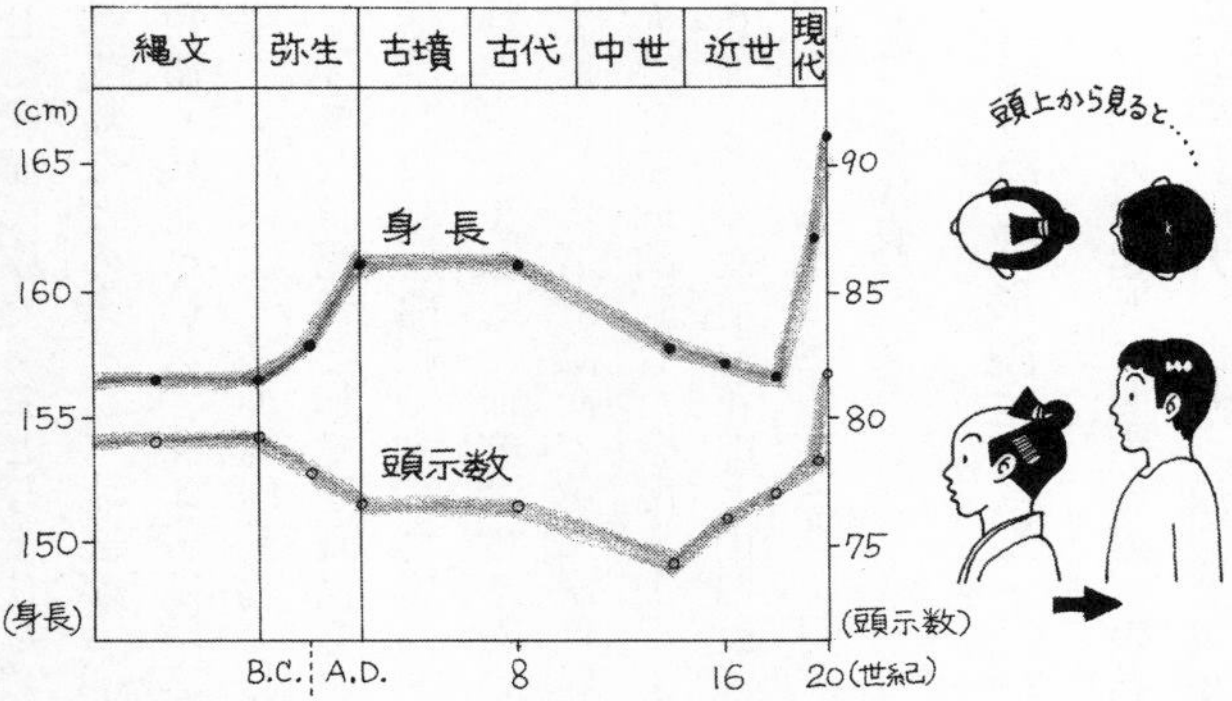

図11-3 日本列島中央部における人間の身長と頭示数の時代的変遷

が提唱し、その後鈴木尚《ひさし》が実際の骨の資料を調べた結果をもとに主張しました。この考え方は、十万年、百万年という長期的な進化を考えれば、もちろん妥当なものです。進化の基本は遺伝子の変化であり、突然変異が蓄積するには、通常それだけの時間が必要だからです（第１章と第２章を参照）。逆に、骨の形態変化には、非遺伝的な要素があります。よく知られているように、１８６７年の明治維新以降、日本人の成人の平均身長は大きく増加しました。成人男子の場合、江戸時代末期には１５７㎝程度だったものが、１５０年ほどたった21世紀初頭では、１７０㎝ほどとなっています（図11-3）。古代から近世にかけて、身長が１６１㎝から１５７㎝程度に低下しました。その後１５０年ほどのあいだに１７０㎝まで平均身長が伸びたのは、明治時代以降の栄養条件の改善のためだと思われますので、それ以前の身長の低下も、栄養条件が悪化していったからかもしれません。国際結婚が増えたといっても、それが日本列島人の遺伝的構成を大きく変えたとは考えられません。すると、採集狩猟が中心だった縄文時代と稲作を導入して農耕社会に変化していった弥生時代という、生活様式が大きく変化したふたつの時代に生きた人々の体型の違いも、環境変化だけで大部分説明できるのではないか、という可能性がでてきます。たとえば身長の増加です。最近150年の場合ほど劇的ではなかったようですが、縄文時代の人々の平均身長が158cmほどであったのが、古墳時代になると163cmほどと、ぐっと高くなっています。

短頭化現象が示すこと

また日本人の頭の形は、14世紀（鎌倉時代後期〜室町時代）以降現代まで一貫して、前後に長い形から丸くなってきています。頭の丸さを示すのに、人類学では伝統的に頭示数〔［頭幅／頭長］×100〕を用いています。頭長（前後径）と頭幅（左右径）が同一になると、この頭示数は100となり、頭がまん丸い状態を表わします。普通は頭長のほうが長いので、頭示数が80を超えると丸い頭（短頭）とよびます。この頭示数は、長いあいだ人類学で集団の系統関係を議論することに用いられてきました。

ところが、日本人の中で数百年のうちに頭示数が大きく変化しているという結果を鈴木尚が示しました（図11-3）。さらには、世界のあちこちで短頭化が同じように進んでいることがわかっています。これを短頭化現象とよびます。こうなるともはや頭長や頭幅を調べて人類の系統を議論することには、あまり意味がありません。現在では次に示すように、時代変化の少ない形態小変異のような形質がいろいろな人類集団で比較されています。

変形説は、アイヌ人の存在をある意味で無視しました。また、この説の提唱後、新しいデータが次々に発表され、遺伝的に異なる系統が合流するほうが大きな変化を説明しやすいということがわかってきました。

11.3 骨形態の違いから推定された日本列島人類集団の系統関係

頭骨のさまざまな形態小変異形質の有無を調べ、それらの形質の集団における頻度を推定するのが形態小変異の研究です。例として、「舌下神経管二分」は、頭骨底の大後頭孔付近にある舌下神経の通る管が、普通は左右一対ですが、個体によっては2本に分かれていることがあります。これら2種類のタイプをもつ人間の比率を比べるわけです。これらの形質が実際に遺伝するかどうかはまだ明らかになっていませんが、遺伝的要素が濃いと思われる間接的な証拠として、胎児のころからすでにこの変異が存在しますし、日本人集団では鎌倉時代からほとんど形質出現

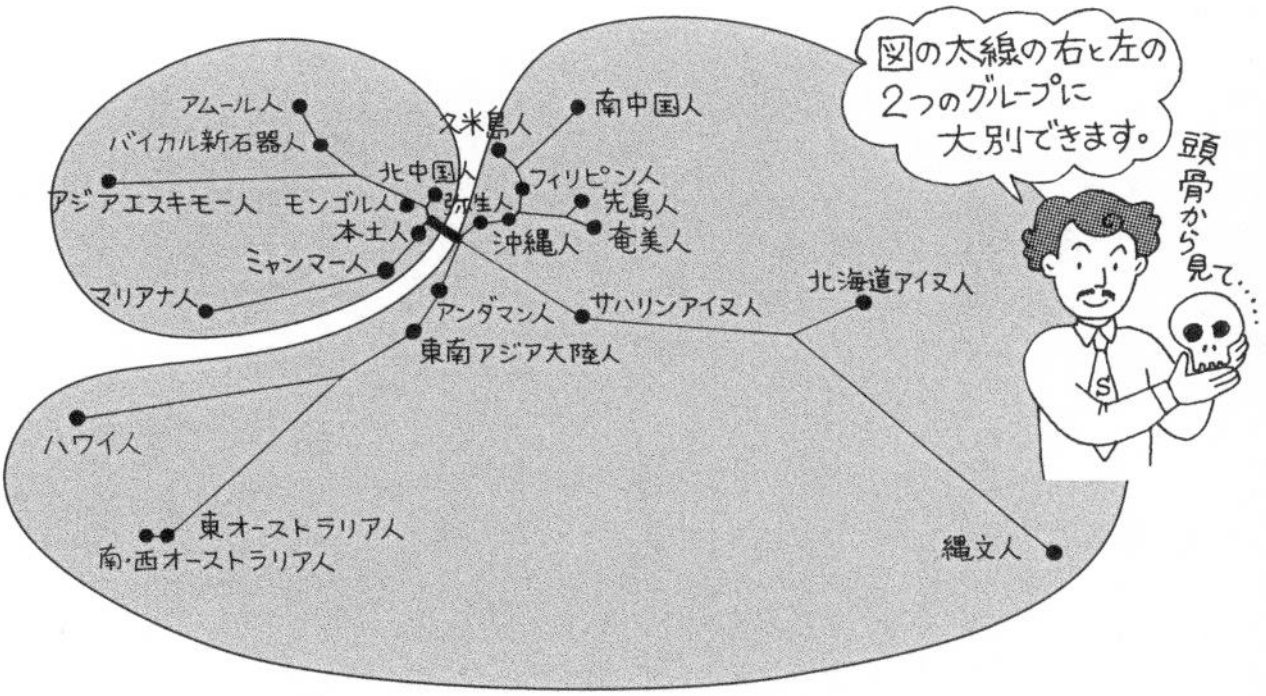

図11-4　形態小変異にもとづいて推定された日本列島の集団を含む23人類集団の近縁関係（石田ら（2006）より）

頻度に差がないことがわかっています。

図11-4は、頭骨の16種類の形態小変異形質データをもとにして、石田肇《はじめ》のグループが日本列島のいろいろな時代の集団と、東アジア、シベリア、オセアニアの全23人類集団のあいだの近縁図を作成したものです。日本列島の集団は、アイヌ人・縄文人のグループと、弥生時代人・現代日本列島南部人（沖縄、先島、奄美、久米島）・現代日本列島本土人のグループの大きくふたつに分かれます。この見方をすると、図11-4はアイヌ沖縄同系論を支持していることになります。

11.4　東ユーラシアにおける日本列島人の遺伝的位置

尾本と斎藤（1997）は、日本列島人のあいだの遺伝的な近縁関係を調べるために、25遺伝子の遺伝子頻度データを用いて、アイヌ人、沖縄人、本土日本人（ヤマト人）、韓国人の4集団の遺伝距離を推定しました。この結果を系統ネットワークで示したものが図11-5Aです。中央にある長方形の横の辺はアイヌ人・沖縄人グループと韓国人・本土日本人グループとの違いを、縦の辺は、アイヌ人・韓国人グループと本土日本人・沖縄人グループとの違いを示しています。長さは遺伝的違いに比例して描いてあります。本土日本人と沖縄人は遺伝的に近いとはいえ、両者の違いはアイヌ人と本土日本人との違いの一部に重なっており、日本列島の南北に位置する2集団の共通性がうかがわれます。ただし、アイヌ人への枝が長いので、この集団が他の3集団とは遺伝的にかなり異なっていることは事実です。

一方、日本列島の2集団と中国漢民族5集団との遺伝的関係について、個人間の違いが大きいマイクロサテライトDNA多型105種類を用いて山本敏充らが比較した研究結果を、図11-5Bに示しました。名古屋周辺の集団と沖縄の集団は強くまとまっていますが、この日本人グループは、南北に多様性の大きい中国漢民族グループの中に含まれています。漢民族内部に大きな遺伝的変異があることは以前から指摘されていましたが、この図の特徴は、日本人集団が中国の他の3集団（西安、長沙、北京）よりも中国南部（福建省と広東省）の集団にやや近かったことです。従来は、日本人は中国北部の人々と遺伝的に近いと考えられていました。

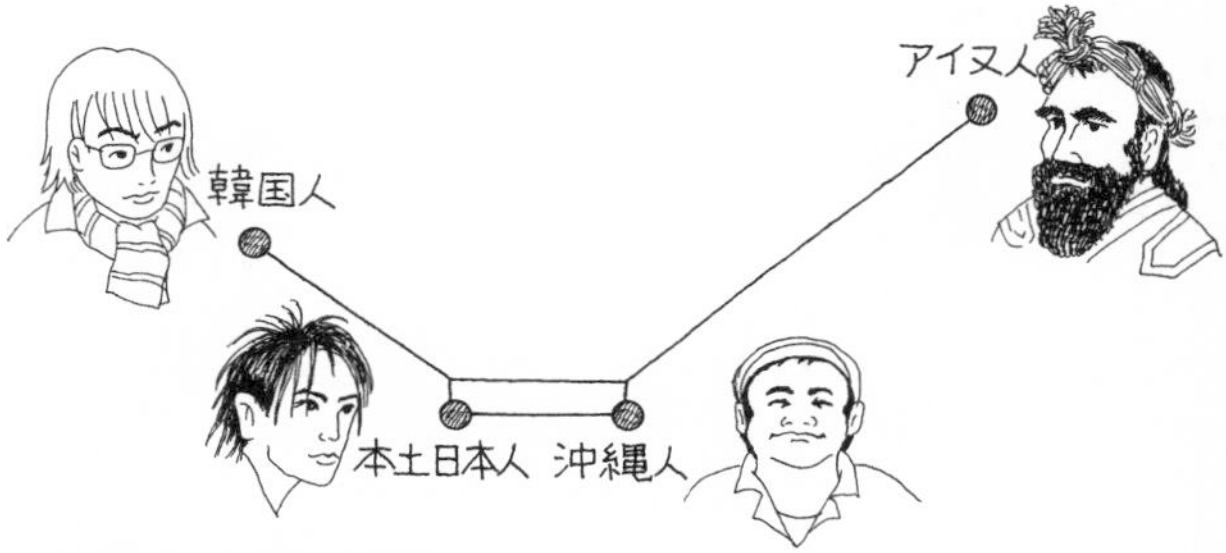

(A) 尾本・斎藤 (1997) による

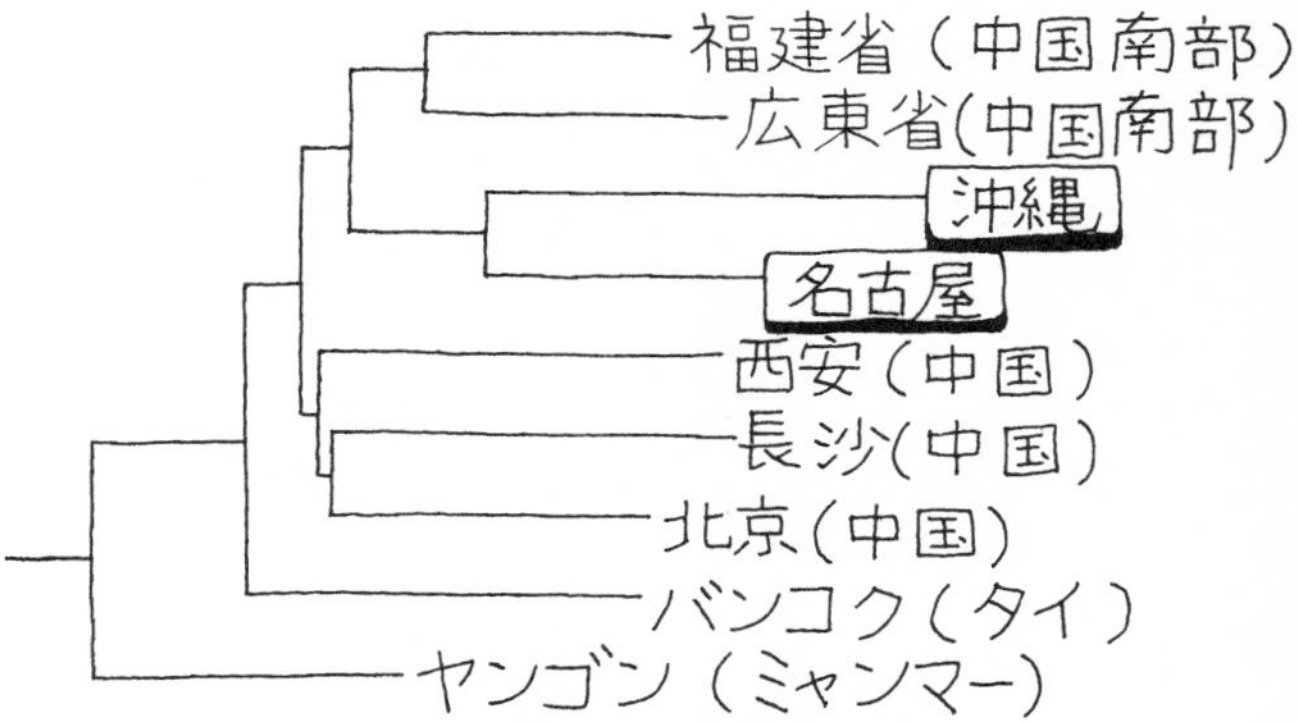

(B) マイクロサテライトDNAから見た系統樹（Liら (2006) による）

図11-5　遺伝子データにもとづく系統樹

ハプロタイプによる遺伝的関係の違い

人類の遺伝的関係を調べる際にミトコンドリアDNAを使うことがあります。宝来のグループ（田嶋ら（2004））は、日本の本州集団、九州集団、沖縄集団、およびアイヌ集団を、他の東アジア集団と比較しました（図11-6A）。アイヌ集団で発見された25種類のハプロタイプ（ある特定のDNA配列のこと）のうちアイヌ集団でのみ見つかるもの（たとえばハプロタイプ13）もありましたが、アムール川下流に住むニブヒ集団やカムチャツカ半島の付け根に住むコリャク集団のものと一部（たとえばハプロタイプ3）が一致していました。このミトコンドリアDNAのパターンはオホーツク文化との接触による遺伝子の交流を物語っている可能性があります。一方、アイヌ集団と日本列島の他の集団を比較すると、本州の集団では2タイプが、九州集団では6タイプがアイヌ集団のハプロタイプと一致していました（たとえばハプロタイプ2）。沖縄集団でも1タイプがアイヌ集団のものと一致していましたが、これは東アジアに広く分布しているハプロタイプです。

全体として見ると、北アジア集団で見られるハプロタイプのうち20%がアイヌ集団で発見されたハプロタイプのどれかと同一でした。これに対して、日本列島を中心とする東アジアの集団では4%、東南アジア集団に至っては1%だけしか一致していませんでした。ミトコンドリアDN

Aは進化速度が速いので、ふたつの集団のあいだに一致している配列が多数発見された場合、これらのあいだに、最近、遺伝子の交流があったと考えることができます。なお、ミトコンドリアDNAは古代DNAの研究でも用いられていますが、縄文人、弥生人、および現代日本列島人のあいだの近縁関係は、まだ明らかではありません。

免疫に関係する多くの遺伝子が、人間の6番染色体の小さな領域に密集しています。これらの多くは白血球で見つかったために、HLA（ヒト白血球抗原）とよばれます。HLAには、その独特な機能のために、きわめて対立遺伝子の数が多い遺伝子が存在します。それら対立遺伝子の組み合わせをひとつのハプロタイプと考えると、可能なハプロタイプの種類は膨大なものになります。このため、同一のハプロタイプが異なる集団から発見されれば、過去になんらかの意味で人間の交流があったと推定できます。したがって、集団間の近縁関係を、HLAハプロタイプのデータから議論できるのです。

図11-6Bに、日本列島を中心とする集団で見いだされた、HLA3遺伝子座のハプロタイプ頻度を示しました。ハプロタイプ1は本土日本人では最高頻度ですが、周辺の7集団で見ると、沖縄、アイヌ、韓国、中国朝鮮族で1%強の頻度で見つかるだけです。次に頻度が高いハプロタイプ2は、同じ日本列島に分布する沖縄とアイヌの集団では見いだされず、朝鮮半島から中国北部にかけてのみ、数%の頻度で見いだされます。ハプロタイプ4は、沖縄人でもっとも高い頻度

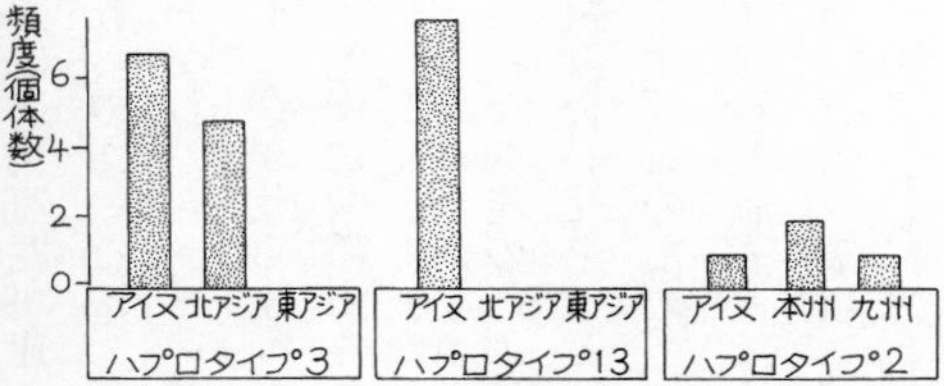

(A) ミトコンドリアDNA

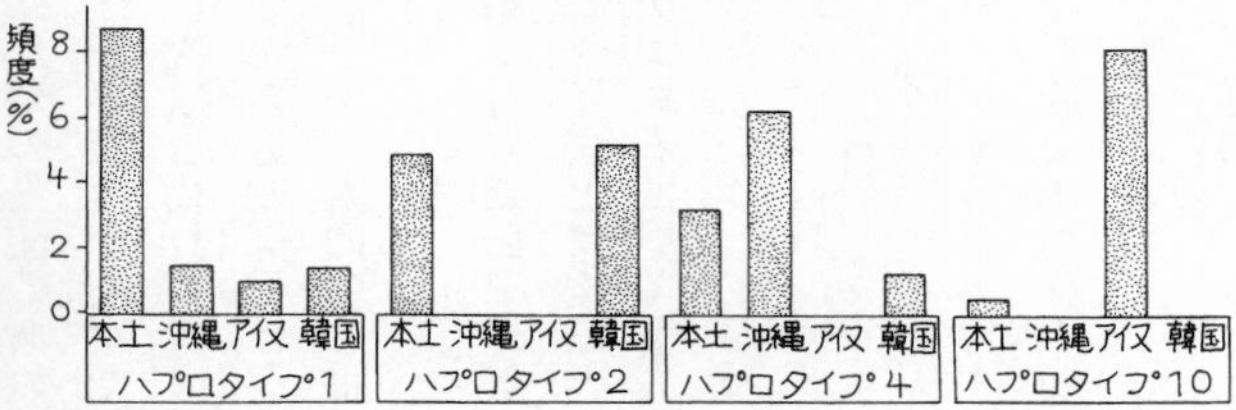

(B) HLA

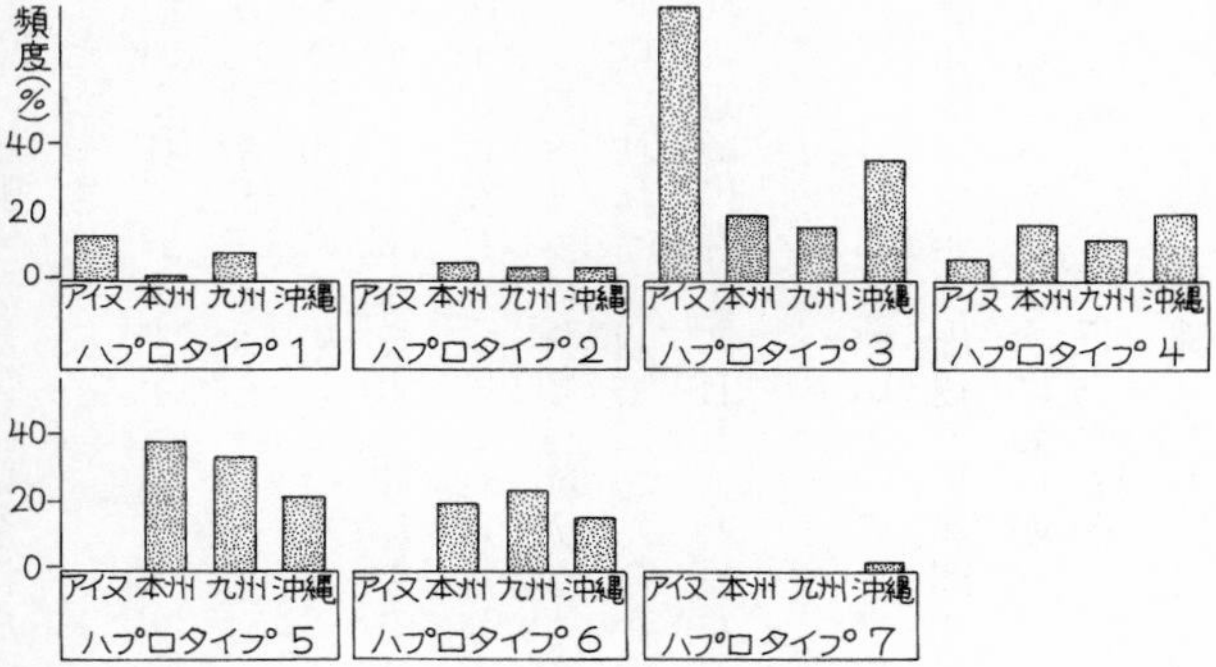

(C) Y染色体

図11-6 ハプロタイプ頻度の比較

を示し、他の東アジア集団でも1％前後の頻度で見いだされました。東アジアに分布するいくつかのHLAハプロタイプの頻度を比較することによって、これらが日本列島へ、図11-1の経路1、4、5、および経路6を通って伝えられたことが徳永勝士によって推定されています。

ミトコンドリアDNAが母親からのみ伝えられるのに対して、Y染色体は男性しかもっておらず、父から息子へと伝えられるので、父系をたどることができます。Y染色体DNAの中には、YAPと名づけられた、300塩基ほどの特徴的な塩基配列が存在しているか否かの遺伝的多型が存在します。図11-6Cに、7種類のY染色体ハプロタイプの頻度を、日本列島の4集団を中心に示しました。このうち、ハプロタイプ3と4がYAP＋であり、とくにタイプ3は、アイヌ人の中でもっとも高い頻度（81％）を示して、沖縄人の中でも最高頻度（36％）でした。これらのハプロタイプが他の集団で見いだされたのは、日本の本州と九州の集団だけです。

残りの5種類のハプロタイプも、それぞれが独特な地理的分布を示しています。ハプロタイプ1は、アジア北方のブリヤート人で84％という高頻度で存在しますが、日本列島では、アイヌ人で13％であるほかは、九州と本州で少しあるだけです。ハプロタイプ2はアイヌ人を除く日本列島3集団のみに、4～5％の頻度で存在します。

11.5 二重構造説

1980年代に発表された埴原和郎の二重構造説は、明治時代に唱えられたベルツの説を発展させたものともとらえることができ、広い意味では混血説に属します。それまでの日本列島諸集団とそれらをとりまくアジアの集団との比較から導きだされたものであり、豊富なデータに裏打ちされたこの仮説は、現在の定説となっています。二重構造説は、簡単にいうと次のような説です（図11-7A）。

「東南アジアに住んでいた古いタイプのアジア人集団の子孫が、旧石器時代に最初に日本列島に移住して、縄文人を形成した。その後弥生時代に移るころに、北東アジアからの移住があった。彼らはかつては縄文人の祖先集団と近縁な集団だったが、極端な寒冷地に住んでいたために寒冷適応を経て、顔などの形態が縄文人とは異なっている。この新しいタイプの人間は、先住民である縄文人の子孫と混血をくり返した。ところが北海道にいた縄文人の子孫集団は渡来人との混血をほとんど経ず、アイヌ人集団につながっていった。沖縄を中心とする南西諸島の集団も、本土から多くの移住があったために、北海道ほど明瞭ではないが、それでも日本列島本土に比べると

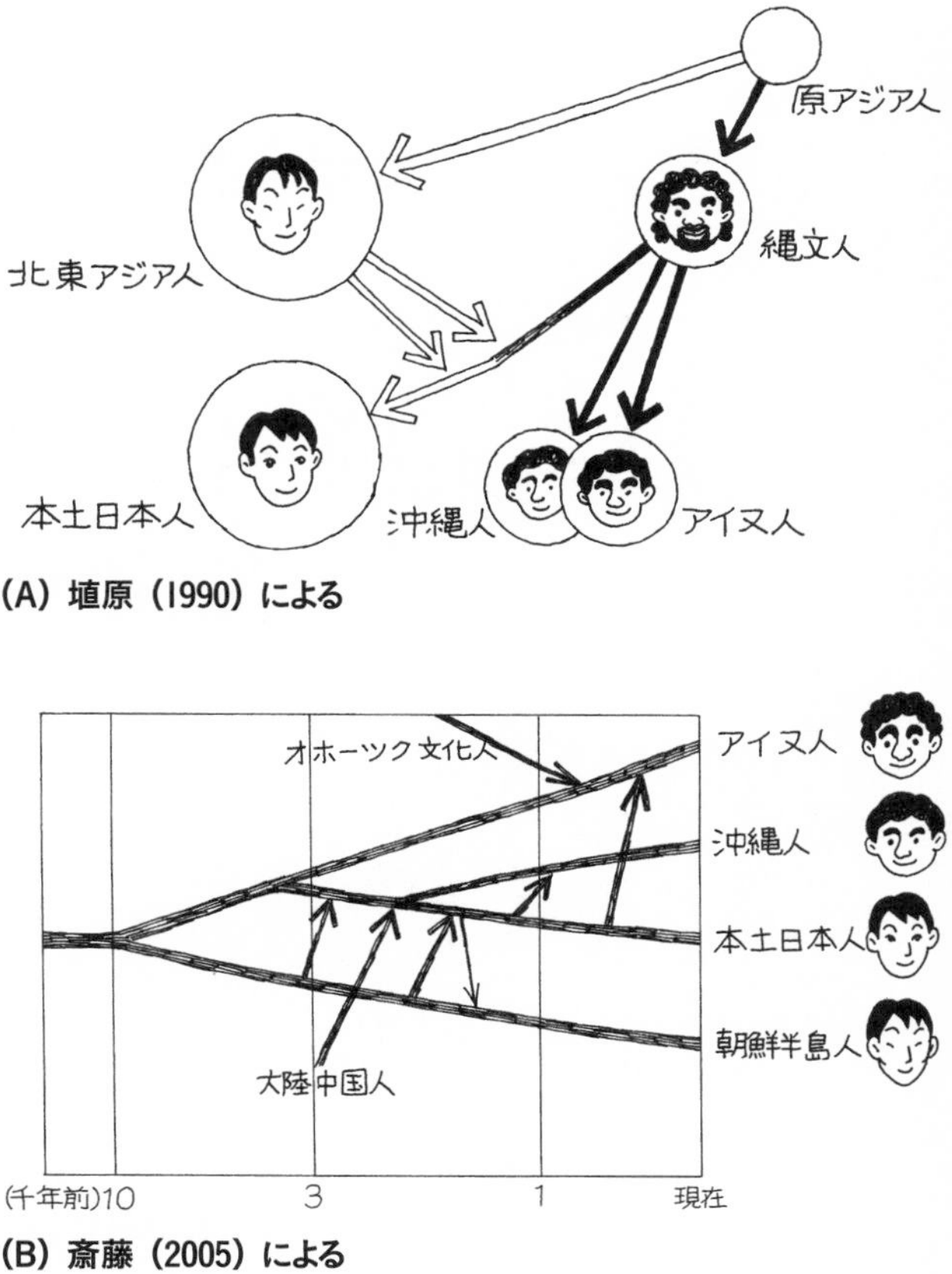

図11-7　遺伝子データにもとづく系統樹

縄文人の特徴をより強く残した。」

このように、現代日本人集団の主要構成要素を、旧石器時代の第一波の移住民の子孫である縄文系と、縄文時代末期以降の第二波の移住民である渡来系のふたつに考えて説明したことから、二重構造説とよびます。図11-7Bは、二重構造説にもとづいて斎藤（2005）が示した、日本列島人の変遷のモデルです。

図11-4、図11-5A、図11-6からわかるように、骨の形態から見ても遺伝子から見ても、アイヌ人と沖縄人の共通性が示されています。また、図11-4の形態小変異のデータから、彼らと縄文人の近縁性がわかります。このように、二重構造説はいろいろなデータで支持されています。

2012年以降になって、斎藤成也の研究グループはゲノム規模のSNP（単一塩基多型）データをアイヌ人、沖縄人、本土日本人（ヤマト人）で比較した結果、二重構造説を明確に支持する結果を得ました。ただし、沖縄人は本土日本人とかなり近縁であり、一方アイヌ人は両者からかなり離れていました。三者のこの関係は、縄文時代人の古代DNAゲノムが2016年以降明らかになってきた結果、やはり二重構造モデルを支持しています。

第12章 人類の未来

12.1 霊長類から抜けだした人類の未来

第5章と第6章で示したように、霊長類は森林に生息するようになった哺乳類です。しかし人類は、森から抜けだして草原に住むようになりました。それでも、私たちの祖先が長く続けてきた採集狩猟生活には、森がずっと重要な位置を占めてきました。

1万年ほど前に最終氷期が終了し、農耕牧畜という新しい生活様式がはじまると、人類は森から少しずつ離れていきました。系統の点から見れば、私たち人類はまぎれもない霊長類の一員ではありますが、生活形態から見ると、もはや霊長類から抜けだしているといっても過言ではないでしょう。農耕牧畜という新石器革命を経て18世紀にはじまった産業革命は工業化社会を生みだし、20世紀にはコンピュータが出現して情報化社会に移行しつつあります。

このような人類文明が今後も長く続くのかどうかは、私たちの子孫世代の行動にかかっていますが、今後も存続してほしいので、そうだと仮定しましょう。すると、人類の未来はどのようになると予想されるでしょうか。

現在、帝王切開で生まれる赤ちゃんはかなりの比率にのぼっています。他の哺乳類ではありえない出産様式です。これはもちろん医学の発達に支えられた医療技術によります。現在はまだSF（Science Fiction）作品で登場するだけですが、出産にともなう母体の危険をなくすために、将来、実際に人工子宮が開発され、赤ちゃんはそこから出産されることになる日がくるかもしれません。このような時代になると、子宮に胎盤が形成され胎児が育つ有胎盤哺乳類に人間は系統的には属しているものの、その中でも特別な存在といえるようになるのかもしれません。

有胎盤哺乳類から抜けだした後、人類は哺乳類からも抜けだしてゆくのでしょうか。卵を生む単孔類（カモノハシなどの仲間）、有袋類（カンガルーの仲間）、そして有胎盤哺乳類は、皆赤ちゃんを母乳で育てるという意味で、哺乳類です。現在、人間の赤ちゃんはかなりの比率で人工乳を飲んでいますが、これすら時間の問題かもしれません。乳を飲むよりもよいシステムが開発されれば、そちらに置き換わってゆく可能性があるからです。

生物進化は、長大な年月をかけて自然界に出現した、膨大な突然変異のうちのごく少数が生き残ってきた結果です。突然変異は偶然に出現するため、目的をもちません。ところが人類は発達した脳を用いて目的を明確化し、その目的に合った道具やシステムをつくりあげてきました。このような最初に目的ありきというシステムは、生物進化の中ではきわめて特殊なものなのです。私たちは人類なので、目的を設定して行動するスタイルに慣れていますが、これは人類のもつ特殊性のひとつです。このため、人類の文化や文明は、これまでの生物進化の速度を大きく加速させているという見方ができるのです。それは、次に述べるように、人類の体も変化させてゆく可能性があります。

12.2　人類の子孫種

3万年ほど前にヨーロッパでネアンデルタール人が絶滅し、2万年前よりも最近になってインドネシアのフローレス島にいたきわめて低身長のホモ属の系統（序章と第7章を参照）が絶滅した後、地球上に存在するホモ属の生物はヒトだけです。今後はどうなるでしょうか。いいかえると、ヒトは新しい種を生みだすことがあるのでしょうか。

ある生物の種が分かれて別の2子孫種になるには、地理的隔離が必要です。しかし、現代人類は地球上に広く分布しており、さまざまな交通手段によって行き来しています。このため過去十数万年のあいだにアフリカから現代人の祖先集団が世界中に拡散していった足跡（第9章を参照）としての集団間の遺伝的多様性は、混血によって少しずつ小さくなってゆく方向にあります。つまり、人類が地球上にとどまっている限りは、現代人（ホモ・サピエンス）の種分化は考えにくいという結論になります。

しかし、地球以外の惑星はどうでしょうか。アメリカ政府は、すでに有人火星探査計画を前提とした恒久的な月面有人基地計画を発表しています。それほど遠くない将来、今世紀の末までに、数万人にのぼる人間が火星に居住することになるかもしれません。しかし有人飛行はそう簡単な技術ではなく、しかも地球と火星を往復するには、現在のロケット技術で2〜3年を要します。人類文明が高度に発達したままという前提を本章の最初にしたので、それに反するかもしれませんが、もしもなんらかの戦争が生じて地球の人類文明が疲弊すれば、火星に取り残された人類は地球の人類とは地理的隔離がなされることになります。地球と火星のあいだの行き来が多少存続したとしても、重力をはじめとするさまざまな自然環境の差は、火星上の人類をゆっくりと変えてゆくかもしれません。

このような意味での「火星人」を想像してみるのも楽しいことではありますが、まだ現実的な予言をできるには至っていません。そこで、顔だけの変化ですが、原島博らが日本人男女高校生の50年後を予測した研究を紹介しましょう（図12-1）。これは、50年前と現在の高校生の写真を比べて、平均顔をコンピュータで三次元的につくりだし、過去50年間の変化を未来に投影した場

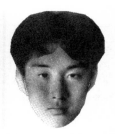

50年前の男子高校生の平均顔　最近の男子高校生の平均顔　50年後の男子高校生の予測顔

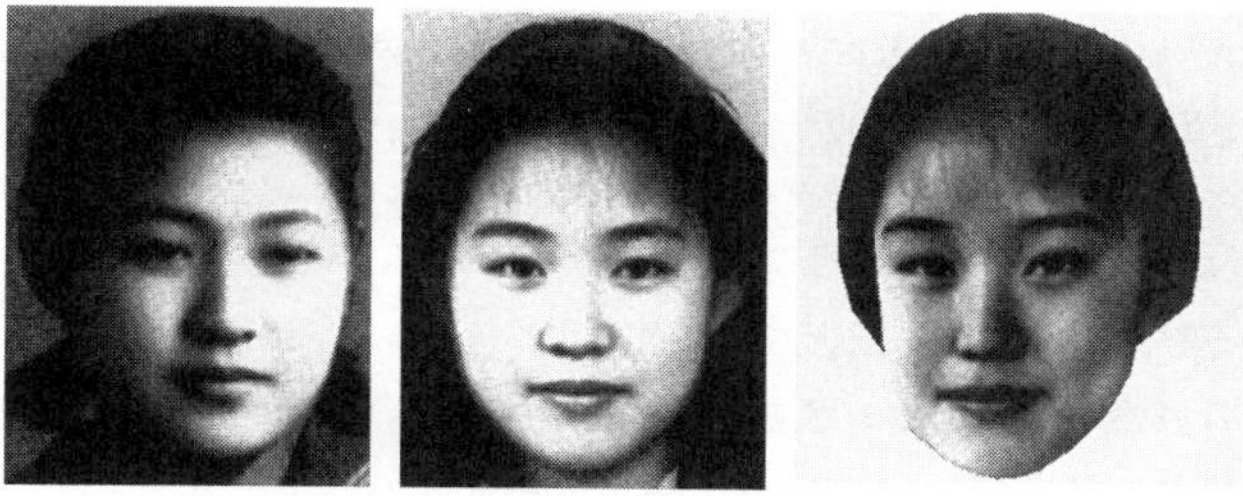

50年前の女子高校生の平均顔　最近の女子高校生の平均顔　50年後の女子高校生の予測顔

図12-1　日本人の男子と女子の高校生について、50年前の平均顔、最近の平均顔、50年後の予測写真（馬場悠男、金澤英作編（1999)、『顔を科学する!』、ニュートンプレスより）

合を50年後の予測としたものです。第二次世界大戦後の50年間は、身長の伸びも著しかったので、今後も同じような大きな変化が短期間に生じるかどうかはわかりません。ただ、変化の方向は今後も変わらないとすれば、ここで紹介した50年後の顔は、５００年後、１０００年後の予測になるのかもしれません。

フェイガン著、東郷えりか・桃井緑美子訳
『歴史を変えた気候大変動』河出書房新社（2001）

宝来聰『DNA 人類進化学』岩波書店（1997）

ボウルズ著、中村正明訳『氷河期の「発見」』扶桑社（2006）

松浦秀治
『年代測定法から年代測定学へ－KBS 凝灰岩論争から学んだもの－、田中琢・佐原眞編』
『新しい研究法は考古学になにをもたらしたか』クバプロ（1995）

宮地伝三郎『サルの話』岩波書店（1966）

モーウッド・オオステルチィ著、馬場悠男監訳、仲村明子訳
『ホモ・フロレシエンシス（上）（下）』日本放送出版協会（2008）

モリス著、小原秀雄訳『人間とサル』角川書店（1979）

八杉竜一『進化論の歴史』岩波書店（1969）

山口敏『日本人の生いたち』みすず書房（1999）

ロジェ著、ベカエール直美訳
『大博物学者ビュフォン』工作舎（1992）

Harrison S.P., Yu G., Takahara H. & Prentice I.C.『*Nature*』413, 129-130（2001）

Takahara H. et al.『*Journal of Biogeography*』27, 665-683（2000）

McDougall I.『*Nature*』294, 120-124（1981）

Trauth M. H. et al.『*Science*』309, 2051-2053（2005）

参考文献

赤澤 威編著『ネアンデルタール人の正体』朝日新聞社（2005）

海部陽介『人類がたどってきた道』日本放送出版協会（2005）

木村資生『生物進化を考える』岩波書店（1988）

木村資生著、向井輝美・日下部真一訳
『分子進化の中立説』紀伊國屋書店（1986）

コックス著、東郷えりか訳『異常気象の正体』河出書房新社（2006）

斎藤成也
『ゲノムと進化〜ゲノムから立ち昇る生命〜』新曜社（2004）

斎藤成也『DNA から見た日本人』筑摩書房（2005）

斎藤成也
『自然淘汰論から中立進化論へ〜進化学のパラダイム転換〜』
NTT 出版（2009）

斎藤成也、植田信太郎ら
『シリーズ進化学 2　遺伝子とゲノムの進化』岩波書店（2006）

斎藤成也、颯田葉子、諏訪元、長谷川真理子ら
『シリーズ進化学 5　ヒトの進化』岩波書店（2006）

田中琢・佐原眞編
『新しい研究法は考古学になにをもたらしたか』クバプロ（1995）

寺田和夫『日本の人類学』角川書店（1981）

根井正利著・監訳、五條堀孝・斎藤成也訳
『分子進化遺伝学』培風館（1990）

埴原和郎『日本人の成り立ち』人文書院（1995）

馬場悠男・金澤英作編『顔を科学する！』ニュートンプレス（1999）

藤井理行『極域アイスコアに記録された地球環境変動』
地学雑誌、114(3), 445-459、東京地学協会（2005）

著者紹介

斎藤成也　さいとう　なるや

1987年　東京大学大学院理学系研究科人類学専攻博士課程中退。理学博士。

現在　国立遺伝学研究所 集団遺伝研究室 教授、琉球大学医学部特命教授（クロスアポイントメント）、総合研究大学院大学 生命科学研究科 遺伝学専攻 教授（兼任）、東京大学大学院理学系研究科 生物科学専攻 教授（兼任）

海部陽介　かいふ　ようすけ

1995年　東京大学大学院理学系研究科人類学専攻博士課程中退。博士（理学）。

現在　東京大学総合研究博物館 教授

米田　穣　よねだ　みのる

1995年　東京大学大学院理学系研究科人類学専攻博士課程中退。博士（理学）。

現在　東京大学総合研究博物館 教授

隅山健太　すみやま　けんた

1996年　東京大学大学院理学系研究科生物科学専攻博士課程修了。博士（理学）。

現在　理化学研究所 生命機能科学研究センター 高速ゲノム変異マウス作製研究チーム チームリーダー

【ま行】

【や行】

【た行】

【な行】

【は行】

【さ行】

さくいん

N.D.C.469　270p　18cm

ブルーバックス　B-2186

図解《ずかい》　人類《じんるい》の進化《しんか》

猿人から原人、旧人、現生人類へ

2021年11月20日　第1刷発行

著者　斎藤成也《さいとうなるや》　海部陽介《かいふようすけ》　米田穣《よねだみのる》　隅山健太《すみやまけんた》

発行者　鈴木章一
発行所　株式会社講談社
〒112-8001　東京都文京区音羽2-12-21
電話　出版　03-5395-3524
販売　03-5395-4415
業務　03-5395-3615
印刷所　(本文印刷)豊国印刷株式会社
(カバー表紙印刷)信毎書籍印刷株式会社
本文データ制作　ブルーバックス
製本所　株式会社国宝社

定価はカバーに表示してあります。

ISBN978－4－06－526136－1

発刊のことば

科学をあなたのポケットに

二十世紀最大の特色は、それが科学時代であるということです。科学は日に日に進歩を続け、止まるところを知りません。ひと昔前の夢物語もどんどん現実化しており、今やわれわれの生活のすべてが、科学によってゆり動かされているといっても過言ではないでしょう。

そのような背景を考えれば、学者や学生はもちろん、産業人も、セールスマンも、ジャーナリストも、家庭の主婦も、みんなが科学を知らなければ、時代の流れに逆らうことになるでしょう。

ブルーバックス発刊の意義と必然性はそこにあります。このシリーズは、読む人に科学的に物を考える習慣と、科学的に物を見る目を養っていただくことを最大の目標にしています。そのためには、単に原理や法則の解説に終始するのではなくて、政治や経済など、社会科学や人文科学にも関連させて、広い視野から問題を追究していきます。科学はむずかしいという先入観を改める表現と構成、それも類書にないブルーバックスの特色であると信じます。

一九六三年九月　　野間省一